U0155788

杭州全书编辑委员会

“湘湖（白马湖）全书”编纂指导委员会

“湘湖（白马湖）丛书”编辑委员会

“湘湖丛书”编辑委员会

萧山菜里的萧山味

朱森水

萧山的饮食文化源远流长，源头也许可追溯到8000年前的萧山跨湖桥时期。到了明清时期，萧山因地处“东西分两浙”的吴越通衢交通枢纽，随着商贸业的兴起，餐饮业也逐渐发展起来。尤其清康乾时期，是古代萧山商贸业的鼎盛时期，饭馆、酒肆林立，为适应南来北往之客的口味，既引入各地菜系，更将宁绍菜与苏杭菜结合，形成了具有独特民情民风的萧山“土菜”。

萧山“土菜”中带有浓浓的乡村野味。例如青菜，萧山人的吃法，可蒸、可熯、可煮、可炒，可鲜食、可腌食、可霉食、可腌制晒干，更有巧妇能临时将菜加盐手捏上蒸，也可将吃剩的菜叶切细腌制过夜蒸食，称之为“抱暴腌”，这些菜肴尽管均为青菜，但滋味有别。能将青菜做出如此多的吃法，也是一种文化。当然，仅是单一的青菜，毕竟寡淡，在长期的劳动和生活实践中，下厨的巧妇懂得了青菜与其他蔬菜搭配能有更好的滋味，如青菜与咸菜同煮，就比单一青菜要鲜，青菜炒肉更是清鲜，青菜加打碎的蛋变成美味的汤菜。以此类推，各种各样可食之物，萧山人都能搭配得当，做到咸淡适口，由此做出许许多多的美味佳肴来。

作为鱼米之乡的萧山，可供菜肴的作料不仅有人工种植、饲养之产出，更有各种自然之物产，地上爬的、水中游的、天上飞的，不计其数。如鸡、鸭、鹅、湘湖步鱼、湘湖鲫鱼、湘湖野鸭、钱塘江鲥鱼、西小江银鱼、河蟹、河虾、各种家常鱼、四都冬菜、湘湖莼菜、萧山梅干菜、大头菜、榨菜、腌芥菜（又名冬菜）、南门江老菱、绍东荸荠，还有各种咸鲞，猪、羊、牛、兔等等，真正是取之不尽，用之不竭。通过掌勺的“肆工先生”各种创意调配，以不同方式烹饪，便能端出许许多多的美味佳肴。

在民间，很长一段时期内，萧山人的美味佳肴集中体现于“十碗头”。这“十碗头”就数字而论，即十碗菜肴。但菜肴的质量或花式因贫富而有别、因物产而有异。以水稻区及县城而论，这十碗菜肴为白斩鸡、蹄髈、扣肉、白鲞肉、勒笋肉、小炒、鲞烹鸡、八宝菜、辣椒酱、元宝鱼，外加一个什锦暖锅。如有长年吃素者，则有素烧鹅、素火腿、炒干丝、香菇炖豆腐、冬笋炒面筋等替代。然真正的素斋菜肴比荤菜难做得多，一般家庭只能以豆制品烹饪简单菜肴代替。但如今令很多人垂涎三尺的蟹、甲鱼、鳗、黄鳝等河鲜，在当时却是不上台面的。

受环境情况，劳作的需要，或是萧山先民性格等多种因素的影响，过去萧山百姓的家常菜非常讲究“入味”，即偏咸肥重。究其原因，主要是以前的萧山人多为体力劳动者，常常在田间劳碌至汗流浃背，需要补充盐分，因而喜于“咸醮”，称之为“入味”，又称之为“咸醮杀饭”，俗语称“勒鲞饭、河泥田”，农夫将咸醮的咸鲞视为最好的下饭菜。想当年，萧山贫穷之家的家常菜肴就是一碗咸菜，或干菜或萝卜干之类。如今上了年纪的萧山人，几乎都有过就着一条乌干菜吃一碗米饭的经历。

还有一个原因是，新中国成立前萧山县一直属于绍兴所辖，因而以往的萧山菜无论是家常或菜馆菜馔，受绍兴菜影响更深，萧山人的口味同绍兴人一样也偏重。喜爱咸醮入味的“臭菜”“霉菜”，可谓萧绍同俗。

但自 1932 年后，因铁路、公路的连接，沪杭人士跨过钱塘江者日益增多，萧山作为活水码头，接纳了中华大地各方来客，由此促使萧山“土菜”有了许多新的变化，与绍兴菜渐渐有了区别。如绍兴人的佐酒菜多为豆类或豆制品，而萧山人的佐酒菜，虽然豆制品仍有，但多了素斋的成分，也多了绍兴酒店少见的熏鱼之类的荤菜。又如绍兴家常菜肴的烹制方法有焐、熯、蒸、炖、醉、霉、腌等32种之多，而萧山家常菜肴除上述之外，更喜煎、炒，逐渐向杭帮菜品靠近。虾仁打蛋为绍兴名菜，而萧山菜肴将其改为虾仁爆蛋，如要打蛋，则配以西小江特产银鱼。糟类菜肴在绍兴特多，萧山酒糟当然也有，却不那么招人喜欢了，糟鱼、糟虾、糟鸡、糟蛋之类这些曾经的萧山名菜慢慢在人们的餐桌上消失了，至民国后期，摆上餐桌的多是醉虾、醉蟹了，明显是受到了杭帮菜的影响。

萧山菜渐趋清淡，一方面固然是“融杭”的影响，另一方面也体现了萧山人的聪明。因为作为交通发达之区，食客来自四面八方，众口难调，以清淡为主，恰恰也是为了更好地满足市场的需求。一则偏清淡较能适应四方食客；二则因味淡，喜咸者可自添咸味，喜辣者可自添辣味，萧山菜于是有了更大的灵活度。由此造就了萧山菜肴以清淡、鲜美、爽口见长。当然也非绝对，萧山至今有“咸鱼淡肉”之说，即鱼菜烹调以咸而入味为佳，而肉类菜肴以清淡为好，可见，该咸重的萧山菜，依然保留着原先的味道。

正是受杭帮菜、绍式菜的双重影响，精明的萧山大师傅们取长补短，使萧山“土菜”日趋成熟，形成了民国至20世纪五六十年代花样繁多的萧山菜品。仅以猪肉切丝而言，就有香干韭菜炒肉丝、青菜炒肉丝、榨菜炒肉丝、新鲜茭白炒肉丝、咸菜炒肉丝等不下十余种，尤其是新鲜茭白炒肉丝，当时深受沪杭食客欢迎，原因是萧山水稻区出产的茭白，远比其他地区的茭白嫩而鲜甜。

与民俗相关的萧山菜肴也是别有风味的。古代萧山虽地处江南鱼米之乡，物产丰富，但经济较为落后，百姓疲于维生，平时日子几无心思用于“吃”的讲究。不过，中国人都重风俗民情，每遇四时八节、婚丧喜庆、祭祀请佛，在饮食方面都得有所讲究，即使是贫困家庭，也会想尽办法。萧山人也不例外。

所谓“四时”，即春分、夏至、秋分、冬至；“八节”，即元宵、清明、立夏、端午、中秋、重阳、立冬、春节。

清明扫墓，萧山人的礼仪十分隆重，即使普通人家也得携四荤四素的肴馔、清明粿、艾饺、果品等到祖先坟地祭祀膜拜。扫墓之余，路途近的回家尚须聚餐，有的因外地眷属需回乡祭祀祖先，还会相邀入菜馆酒楼点上一桌，也有约定墓地附近的庵堂庙宇或寺院用餐，扫墓之余，既拜佛，又品尝了素斋。

夏至日，新麦收割，家家户户塌“麦糊烧”，煮“麦夹头”，炸“油巧果”，既为庆丰，又为尝新。“麦夹头”“麦糊烧”至今仍是萧山的大众面点。

秋分时，得闲的农夫们挖新藕、摘老菱、敲板栗、掘芋艿。这藕、菱、栗、芋艿，如今都是菜肴的作料或休闲食品。如桂花白糖溜藕粉、南门江老菱烧豆腐、板栗红烧肉、清蒸芋艿片，如今仍然是上得了桌面的农家菜蔬。

立冬，时值秋收已完，新糯上市，乡人以糯米蒸粉，切成平行四边形的米糕，上嵌红枣、栗子肉，撒上白糖，白里透红，色香味俱佳。

冬至，是一年中仅次于春节的重大节令，俗云“冬至大如年”。明嘉靖《萧山县志》载：“冬至，各家用糯米粉、麦面，裹肉馅相馈，杀牲以祭，祭毕而燕。”说的是冬至时节萧山人做点心馈赠亲友，宰杀牲畜用作祭祀，祭祀完了合家欢宴一场。时至今日，冬至的家宴似乎已经淡化，传承下来的是麻团、“夹子”等农家点心，作为冬至必备之小点，仍然受到人们的喜爱。关于“夹子”，还有“吃了夹子便不能再胡言乱语”的说法，概因年节已近，说话也要讲究多讲点吉利话。

第一章　萧山蒸菜

人生有许多东西是不可辜负的，美食，就是其中之一。

“天若不爱酒，酒星不在天。地若不爱酒，地应无酒泉。”大自然以其无限的神奇满足着人们的各种生存需要。

顺应天地间的自然法则，各地的人们创造着美食，满足着味蕾的享受。

萧山蒸菜就是美食的一种。

行走在萧山的大街小巷，见得最多的，还是蒸菜馆。跨江来吃萧山蒸菜的大有人在，或自驾，或地铁，只为那一口原汁原味。

萧山人的厨房，煎炒炖煮样样都行，但在众多烹饪方法中，蒸，却是最得人们青睐的。江河湖汊中的鱼虾鳖甲，田间地头的毛豆芋艿，山间丘陵的花生板栗，全都可以上笼屉蒸着吃。清蒸甲鱼、清蒸江鳗、清蒸鲫鱼，吃的是食材的本味，一种最纯真的味道；肉饼蒸鲞、鸡冠油蒸甜面酱、笋干菜蒸茄子、盐白菜蒸冬笋，吃的是食材与食材融合碰撞之后的新味道；至于苋菜梗蒸臭豆腐、霉毛豆蒸霉花生这一类，吃的就是另一种“辣椒过烧酒”式的爽与爆。

蒸，也叫熯，一个动作两样叫法，既简便又有营养。日长夕久，萧山蒸菜蒸出了创意、蒸出了新意，各种食材的混搭，各种滋味的融合，在颠覆认知的同时，推出的奇形怪味，让舌尖新奇，让联想爆棚，让回味在夜深人静之时无穷无尽。

制作过程：

1. 选农村自制腌白菜冲洗干净，切成 3.5 厘米长的小段待用。
2. 将冬笋去皮切成薄厚均匀的片状，开洋清洗干净。
3. 选一深碗，底部放入腌白菜，后均匀地将笋片摆在上面， 中间放上开洋。
4. 放入清水至没过开洋，调入味道，蒸 12 分钟出锅即可。

开洋蒸双冬

萧山人常说这样一句话："夫妻长淡淡，腌菜长和饭。"用腌菜来比喻夫妻关系，可见腌菜在生活中的分量。小雪这一天，农人从地里割来长梗白菜，在阳光下晒得蔫蔫的，再堆在一起，等到大雪这天，堆黄了的长梗白菜就可以下缸腌制了。一直到冬至，这缸里的腌菜都在默默地进行着化学反应，发酵成一缸黄腊腊的冬腌白菜。冬至这一天，乡村河埠头的主妇们尝吃各家新出缸的腌白菜，说咸论淡，好不热闹。"小雪割菜大雪腌，冬至开缸吃到年"，腌白菜是生活中的当家菜，一缸腌菜要从这年冬天吃到来年开春，当然值得好好品尝与评判。

有了腌白菜，生活更加有滋有味。腌白菜炒肉片、腌白菜烧鲫鱼、腌白菜蒸冬笋，围绕腌白菜这个主角，主妇们像导演一样，有的是花样。

大戏上演——

几粒开洋，几片冬笋，与腌白菜最配的角色来了。吸满了乳酸菌的腌白菜黄亮饱满，被主妇从缸里挖出来洗净，与洁白脆嫩的冬笋一起入盘上笼，蒸久一点味道更醇厚。蒸好之后，加入一匙猪油，对，就是猪油，你没有听错。当油珠在汤里飘荡的时候，一碗有海鲜味、猪油香、冬笋鲜、盐菜爽与脆的"开洋蒸双冬"，就这样炮制完成。

一碗吃出"五味和"，是蒸菜的最高境界。

制作过程：

1. 菜蔀头洗净放入碗中，加入适量的矿泉水蒸 1 小时待用。
2. 把蒸好的菜蔀头带汤一起放入锅中，加入笋片、河虾，放入调料煮熟即可。

菜蔀头蒸河虾

“八月种芥，沙篮拖破；十月种芥，粪桶拖破。”在萧山，这句农谚表明“芥菜”是一种非常重要的农作物，与萝卜可以相提并论。萧山地处钱塘江南岸，地少人多，用芥菜做倒笃菜和水冬芥菜，用萝卜做萝卜干，是萧山农民的饮食之道。芥菜有大叶细叶之分，不论哪一种，腌渍之后晒干，即成梅干菜。菜蔀头属于干菜最下面的根茎部位，肉质厚实，有嚼劲。

菜蔀头蒸河虾是夏天的靓汤，开胃生津，发汗散热。先将菜蔀头入水煮沸，待咸味一出，放入河虾与鞭笋，再次烧开，即可起锅。鞭笋洁白，河虾红艳，菜蔀头黄亮，一碗上桌，引爆食欲，让人胃口大开。

清人王履端《湘湖竹枝词》特特赞美道：“掘来猫笋论斤卖，腌菜蒸汤味最鲜。”“猫笋”即毛笋，周作人曾经论证过。腌菜也叫盐白菜，与菜蔀头一样，也是蒸笋蒸河虾的好搭档。

包心菜干蒸鱼钩

干菜是沙地人的一大发明，一般都限于芥菜。事实上，包心菜做的干菜更有一种特殊的甜味。

取钱塘江里特有的“鱼钩”宰杀洗净沥干，把包心菜干放入锅中煸炒至焦香味飘出后起锅，盖在鱼钩身上，上炉蒸七八分钟。焦香的干菜下面，鱼肉洁白莹润，细滑爽口，入口细品，上层干菜变得柔软有嚼劲，咸味流失后，包心菜的甜味一丝丝渗出，别有风味，而底层原先淡而无味的鱼钩吸饱了干菜的咸味，鱼肉的鲜香最大限度得到提炼。

此菜上桌，主人必招呼大家道：趁热趁热。菜随桌转，人人大快朵颐，更有懂味的，早叫服务员盛饭一碗，把吃完了干菜与鱼钩后剩下的汤汁，倒在那一碗饭里，稀里哗啦，吃得比鲍汁扣饭还过瘾。

制作过程：

1. 把鱼钩剖杀干净，在鱼背上改刀待用。
2. 把包心菜干放入锅中炒透，盖在鱼身上调味，上炉蒸熟，撒上葱花即可。

制作过程：

1. 将野鸭宰杀，褪毛取出内脏洗净，放在沸水锅中，煮 3 分钟去掉血沫，用凉水冲洗干净，切成块放入深碗中待用。

2. 火腿用热水冲洗干净，切成薄片覆在鸭块上，放入绍酒、姜块、 葱结上笼蒸 90 分钟。

3. 出笼取掉姜、葱结，撒入味精、 小葱即可。

火腿蒸野鸭

火腿是比较难以处理的一种食材，偌大的一只，起码有五六斤重，黄不黄黑不黑，油腻格煞，一般人家的厨房都对付不了它，得拎到肉摊上央求卖猪肉的师傅来拾掇。北方人大多不喜欢吃，觉得有一种油哈气，入口还涩滋滋。那是因为他们没有把滴油摘除。现在好了，超市里有切片的火腿在卖，可惜的是香味和口味都打了折扣。在南方，尤其是江浙一带，火腿是很贵重的食材，属于“大补”。女子出嫁后生孩子，娘家人“催生”必用火腿，邻里亲朋往往用火腿的只数来品评娘家人对女儿的重视程度。

双夏大忙季节，正是三伏天时，人的胃口很差，吃不下饭，身上懒洋洋，而田里的活却又紧又重，“上昼黄稻，下昼青稻”，可说是马不停蹄。萧山农村流行一句老话，叫“头伏火腿二伏鸡，三伏吃只金银蹄”，伏天进补，火腿打头。鸭子也是人们喜欢的食材，能清虚劳之热，能滋五脏之阴，与火腿配伍最是合适。火腿炖老鸭，四季长宜。

把火腿切成极细薄片，红艳艳地盖在处理后的老鸭身上，加料酒、姜片、葱段，上笼蒸90分钟，一碗滋阴清热又补充体力的“十全大补菜”就可以开吃了。

鸡冠油蒸甜面酱

夏天的庭院里，总会有植株在顶上开出暗红色的花，簇簇直立，状若鸡冠，这就是鸡冠花。只要你见过公鸡，见过鸡冠花，那么，就算没吃过没见过，鸡冠油长啥样还是能想象出来的。对，“鸡冠油”的形状跟“鸡冠”相似。

方正厚实的猪板油是熬制猪油的不二选择，出油量大，熬好之后过一夜，晶莹温润。《诗经》中形容美人“肤如凝脂”，这“凝脂”一词，指的就是板油熬出来的猪油。这是鸡冠油无法做到的。

虽说在熬油方面，鸡冠油沦落成了“鸡肋”，但乡下人自有起死回生变废为宝的法术。买来便宜的鸡冠油铺在蓝边碗底，上面盖上农家自制的甜面酱，上饭架上蒸，中饭蒸，晚饭蒸，再中饭蒸晚饭蒸，第三天一揭开锅盖，奇香扑鼻。吹开迎面而来的蒸汽，只见蓝边碗里汪着一层晶莹透明的油脂，褐红色甜面酱沉酣未醒。筷子搅拌之后，上层的猪油沁入酱身，下层的鸡冠油浮上碗面。咸酱变淡变油，口感温和细腻，白色的鸡冠油因火候已到，油脂逼出，变得清爽而柔软，加上酱的咸鲜渗入，入口饱满而丰腴。整个菜品的口感，就是三个字：咸、鲜、香。

比不了板油的鸡冠油至此逆袭成功，成就一道萧山美味。

顺带提一下，农家自制的酱，用的是当年的新麦，装在钵头里，晒在六月里的大太阳下，太阳越大越好。就这样晒，实实晒足两个月。“伏酱秋油”，谁都知道是好东西。蒸鸡冠油的，就是这种农家在三伏天晒成的酱。

制作过程：

1. 鸡冠油洗净，切成块状，与甜面酱、糖、味精拌匀待用。

2. 芋艿去皮切片垫底，上放拌制的鸡冠油，上笼蒸熟撒上葱花即可。

火腿蒸江鳗

江鳗，即钱塘江里的鳗鱼。

据志书记载，鳗鱼喜欢生活在钱塘江边咸淡水交汇处，是萧山“得天独厚”的水产。野生江鳗个头一般都不大，一斤左右正合适。鳗鱼身上的滑涎，是其腥气所在，务必去除干净。日式料理中有鳗鱼盖饭、鳗鱼寿司等，似乎日本人对鳗鱼情有独钟又深谙吃鳗之道。其实，对于江边的居民来说，关于鳗鱼的吃法更简便、更创新、更因地制宜。鳗鱼是高蛋白、高脂肪食材，加入咸香的火腿，既减少了鳗鱼的肥腻，又提升了鳗鱼的口感。火腿蒸江鳗，可说是既营养又鲜香。

还有一种做法，拿干煸透了的梅干菜盖在鳗鱼上面，加上生姜、绍酒，入笼屉蒸十来分钟，焦香咸鲜，口味比火腿蒸的还要清淡些。

说实话，萧山人更喜欢吃清蒸江鳗。把鳗鱼洗净沥干切成段，加绍酒、生姜后，直接上饭架蒸熟，桌上只放酱油一碟，一夹一蘸，吃得眉飞色舞。

制作过程：

1. 将江鳗放入沸水中 1 秒后捞起，冷水冲净，均匀在摆放在盘中备用。
2. 将火腿切片加入调料、水调制均匀。
3. 将调制好的火腿片倒在江鳗盘中，上笼蒸熟，摆上菜心即可。

制作过程：

1. 将江白虾放入沸水中 1 秒后捞起，冷水冲净，均匀地摆放在盘中备用。
2. 将腐乳捣碎加入调料、水调制均匀。
3. 将调制好的腐乳汁倒在白虾盘中，上笼蒸熟，撒上葱花即可。

腐乳蒸江白虾

钱塘江里的白虾，比一般虾要软一点嫩一点，肉更丰腴一点。

江白虾与韭菜是绝配，有补肾养阴之妙用。先用重油把虾炒红，出锅后再炒韭菜，然后两者合一炒匀即可。

江白虾白灼也是不错的选择，只要选择上好的酱油就行。此法比较适用那些懒人。

“腐乳蒸江白虾”是萧山蒸菜中的名菜。

腐乳，就是霉豆腐，口感好，营养高，细嫩香浓，是一道经久不衰的佐餐小菜，同时还是一种独特的调味原料，可以做出多种美味可口的佳肴，如腐乳烧肉、腐乳蒸蛋、腐乳蒸豆腐等。因其味浓而独特，快速渗透，易使他物吸收，又不掩他物本味，更彰显其鲜美。腐乳是南方人的叫法，北方人叫它酱豆腐，不起眼，是真正的“小菜一碟”，然而，它嫁入了“豪门”，与江白虾配成一道风光无限的菜肴。

腐乳蒸江白虾操作方便，就是在白虾上浇上腐乳汁，浇多少看个人口味轻重。

此菜风味独特，口感鲜美，营养丰富。

制作过程：

1. 夹心肉用刀排斩成肉沫，加调料拌成肉饼，摊在盘中待用。
2. 江蟹洗净对切开倒立放肉饼上。
3. 上撒葱、姜、绍酒，上笼蒸熟，撒上葱花即可。

倒笃江蟹蒸肉饼

蟹这种水产，书上说它“八跪而二螯”，张牙舞爪得令人发愁，不过味道之鲜美也是令人难忘。

“秋风起，蟹脚痒”，每到秋日，钱塘江里不要说，湾边河岸，芦苇丛中，捡拾到江蟹是常有的事。萧绍平原河网密布，稍有经验者，可从河岸边水草倒伏的方向，判断出江蟹出没的情状，循着踪迹，找到一个个江蟹的洞穴。古人说蟹自己不挖洞，只是寄居在蛇或者鳝的洞穴中，这是不确切的。

当然，找到了螃蟹，也说成是江蟹。放清水中养几个小时，滓秽吐净，然后可按个人喜好，或加上好的绍兴黄酒做醉蟹，或上笼屉清蒸，吃它的本味。

也可以做一道“倒笃江蟹蒸肉饼”，此菜先有极清极鲜之江蟹，故配伍的猪肉必须是不带一点膻气臊气。肉饼须切，万不可剁，一剁，肉里的水分就跑了，肉汁便淡了，质地也会变硬。肉饼在下，江蟹从中间下刀，一分为二，断面朝下，盖在肉饼上面，以利蟹黄、蟹膏、蟹汁渗入肉饼当中。放生姜、料酒，上笼屉蒸熟即吃。萧山人称这道菜“鲜得眉毛也会掉落”。

“咸肉蒸江蟹”也是一道令人难忘的菜。选用的咸肉最好是红白相间的五花肉，切成薄片盖在江蟹上面。蒸熟后的咸肉，片片透明发亮，入口软糯，江蟹浸润了肉的咸味与油汁，鲜味之外，更增添咸香油润。蟹味至清至鲜，肉味至浓至香，此菜总的感觉，就是蟹的清鲜与咸肉的肥腴互相渗透、融合，从而诞生出一种全新的口感，鲜香浓郁，竟日不散。

蒸双臭

臭，不可闻，更不要说入口吃了。但是，远的如长沙，火宫殿臭豆腐那是名小吃，近的如绍兴，满城都是臭得很香或者香得很臭的味道，那是臭豆腐、臭苋菜梗、臭冬瓜的味儿。萧绍近邻，沙地尤其接壤，吃臭菜的习惯两地一样。周作人在北京，回忆起如何制作臭苋菜梗来，还是头头是道：苋菜梗的制法须俟其“抽茎如人长”，肌肉充实的时候，去叶取梗，切作寸许长短，用盐腌藏瓦坛中，候发酵即成。乡人多浇以菜籽油，余油不及也。

先前沙地贫瘠，百姓生活艰苦，菜头菜脑舍不得丢弃，腌一腌酱一酱，尚可过粥下饭。不曾想这腌腌酱酱的菜头菜脑别有风味，让吃厌了大鱼大肉的城里人不闻其“臭”，相反是乐逐其“臭”。

把臭苋菜梗与臭豆腐干放在一个碗里，上面浇上菜籽油，旺火蒸五六分钟，再闷上一二分钟，掀开锅盖，透过氤氲的雾气，一碗青白相间的蒸双臭就可以上桌了，碗面上浮着一层汪汪的香油。先取一段苋菜梗入口，用舌尖轻轻一吮，满口的饱满软糯，臭豆腐干看着成形，其实已经成为一滩别具风味的豆腐泥。

沙地人吃臭菜，还有更生猛的——

把刚摘下的嫩南瓜切成小块，铺排在一只大海碗里，集臭苋菜、臭豆腐、霉毛豆、霉千张诸臭于南瓜之上，浇一大勺澄黄透亮的新鲜菜籽油，上笼，旺火蒸十分钟，上桌时撒枸杞三五粒，嫩黄，碧绿，灰白，红艳，有一点点臭，有一点点霉，有千千万万的香，有千千万万的鲜，真正是化腐朽为神奇。

制作过程：

1. 将新鲜四季豆去头去尾，切成 5 厘米的长条。
2. 用刀将笃菜菜稍微切碎，撒在装好盘的四季豆上面。
3. 放入鸡精、味精、少许猪油加入开水。
4. 蒸制 15 分钟。

制作过程：

1. 将盒脂豆腐切成 2 厘米宽的小正方形，放在清水里漂一下，捞出沥干水分，装入盘中。
2. 将霉毛豆（100 克）倒在装好盘的豆腐上面。
3. 放入鸡精、味精，熬制好的菜籽油少许，3—5 颗干辣椒段。
4. 蒸制 8 分钟。

霉毛豆蒸豆腐

红豆、绿豆、黑豆……似乎，豆类是按颜色分的，还有黄豆，黄色的豆。黄豆是北方人的叫法，我们这里的人叫作毛豆，四月成熟的，叫“四月拔”，八月成熟的，叫“八月拔”。

记忆中，隔壁三阿婆把彩瓶里的毛豆“哗”一下倒在芦簟上。阳光下，黄色的小毛豆和青色的大毛豆泾渭分明。青色的大毛豆是用来烧肉吃的，又香又糯，得等儿子一家回来时才烧一大锅，吃肉要人多。黄色的小毛豆呢，煮熟之后加盐加水发酵成霉毛豆。霉毛豆可是好东西，滑滑的，香香的，用来蒸豆腐吃，不用牙齿就可以对付，既营养又入味，开胃不说，还好消化，特别适合老年人。

三阿婆年年做霉毛豆，于是我们就看到毛豆的各种变化，先是发黑，再是长毛，正当我们以为坏了的时候，三阿婆却乐不可支地准备着尝鲜了，等她自己尝过之后，就开始端着，一碗一碗送街坊老邻居了。

霉毛豆蒸豆腐，是我对三阿婆的永久记忆。

制作过程：

1. 先将糯米洗净在水中浸泡 2 小时沥干水备用。

2. 五花肉挂起脱水 1 小时后切成 0.5 厘米厚的片，用甜面酱、老抽拌匀待用。

3. 鲜荷叶洗净抹平放上酱油调味好的糯米，整齐摆上拌好的五花肉，再放入冰糖，包成方形上蒸 2 小时即可。

荷香糯米蒸肉

“江南可采莲，莲叶何田田。”采莲是江南历朝历代的旧事，一到夏日，弥望江河湖荡，真正是“接天莲叶无穷碧，映日荷花别样红”。北方大湖白洋淀里有个荷花淀，湘湖更是水莲花的世界，行走湖畔，只见那田田碧荷，“有风作飘摇之态，无风呈袅娜之姿”。更有那“荷花庄”“采莲桥”，顾名思义，深得莲荷之趣。游人徜徉其间，留恋竟日。

荷花“可目”“可鼻”更“可口”，“其莲实与藕皆并列盘餐而互芬齿颊者”，清代李渔在《芙蕖》里赞美荷花观赏与实用并存。荷花全身都是宝，不说莲蓬、莲子、莲心、莲藕，秋来蓬败，那一池枯荷，也让文人诗兴勃发，“留得残荷听雨声”。

而宋代周敦颐在《爱莲说》中，更是把莲花——就是荷花——喻为君子的化身：“出淤泥而不染，濯清涟而不妖。”

荷叶莲子绿豆粥，是盛夏消暑良品，荷香糯米蒸肉更是当季的一道名菜。晓风送爽，清露晨流，在太阳还没有发威的时候，坐小船去湖荡里采摘莲蓬是一件惬意的事。藕花深处，白莲红莲花开满湖，蜻蜓款款，俏立其上，水流潺潺，荷香馥郁。顺手剪一张露珠滚动的鲜荷叶，为家人做一道荷叶糯米蒸肉吧。

前人说过：“天下之口同嗜，真正的美食不过是一般色香味的享受，不必邪魔外道的搜求珍异。”荷香糯米蒸肉，就是用最常见的食材做出来的美食。

农家一锅蒸

“莫道农家腊酒浑，丰年留客足鸡豚。”陆游在诗里说，只要年成好，随便哪家农户，都能让客人吃得心满意足。其实，对于好客的农村人来吃，就算年成一般，用茭白、芋头、紫蟹、黄鸡待客，也是题中应有之义。即使动荡岁月，招待夜半来客，也会“夜雨剪春韭，新炊间黄粱”。生活在田间地头的人们，与地里的产出一样，丰厚，实在。

农家富裕程度不高，但待客热情不低，仓促之间，芋头、花生、茄子，还有梁上挂着的腌肉，全搁饭架上蒸。约半小时，热气腾腾的饭菜上桌。客人无不感受到一种真实的温暖，五脏六腑熨帖极了。

伟大的互联网时代，人与人之间只存有一种虚拟的微笑。下乡间走一遭，收获的，可是久违的人情与温暖哦。

制作过程：

1. 将选好的四季豆、萝卜、茭白、茄子冲洗干净，切成长条，五花肉切成片待用。
2. 将以上原料放入大米中，一同煮熟取出。
3. 把原料整齐放盘子里，放味精、酱油、猪油、葱花，放上米饭少许调拌均匀即可。

第二章　沙地味道

萧山地貌大致分三大块，南部是低山丘陵区，中部是平原水网地带，北部和东部是沙土平原，简称沙地。沙地是一块神奇的息壤，生活在这里的人们经过艰辛的努力，用勤劳的双手和智慧的大脑，把不堪居住之地变成了乐土乐园。

沙地农居格局相同，大都是门前一个水塘，屋后一个竹园，前面养鱼，后面掘笋，大路两边种上毛豆、芋艿，豆棚瓜架下谈狐说鬼，别有情趣。沙地饮食以简素为美，原味至上。打打蛋，鲞蒸肉，饭焐萝卜，毛焐芋艿，干煸四季豆，萝卜干煎蛋，鸡冠油蒸甜面酱，干菜鞭笋河虾汤。原生态的食材，加上蒸蒸煮煮的烹调方式，算得上是最为养生的生活了。现代人为“三高”所困，去沙地人家待上一两个月，各项指标肯定都会下来不少。当然，沙地也是有大餐的，遇上红白喜事，“十碗头”是题中应有之义，全鸡、全鸭、三鲜、大肉、排骨、醋鱼、小炒、冷盘热菜，应有尽有，以至人们把“吃十碗头”当成一个固定的词组，来指代喝喜酒这件事。

十碗头

沙地位于钱塘江南岸，是一方富庶之地，人杰地灵。而“十碗头”已流传百年之久，此前沙地人家举办酒席，每桌菜肴的碗数必须达到十碗，称作“十碗头”。不足十碗者，会被视作“狗瘪”（沙地方言，小气吝啬的意思）；超过十碗，则属“讲究”。如今看来再也平常不过的几道菜肴，在过去，那可是能与“满汉全席”相媲美的啊！

“沙地十碗头”是钱塘江畔沙地地区（萧山、下沙等临江区域）老百姓特有的筵席民俗，它形成于明清时期，流传至今已有百余年历史。“十碗头”是指九菜一汤，包括糖醋排骨、白鲞拼鸡、炒时件、炒肉皮、炒力笋、醋溜鱼、土三鲜、前“东坡”、后“东坡”（有时会被糖醋排骨代替）、榨菜肉丝蛋花汤。

沙地“十碗头”的菜品看起来简单，却是最老的味道，已经被列入萧山区非物质文化遗产。土三鲜，每人一颗鱼丸、一颗肉丸，垫底用大白菜，面上用蛋丝、小葱、河虾、肉皮等，更多的是汤；前东坡，也就是“大东坡”，是一块大肉，一般都是满碗的，油亮发光，香喷喷的；糖醋排骨，排骨一定要炸得酥脆，酸酸甜甜才够味；炒力笋，鲜咸爽脆，口味鲜香；炒时件是以往萧山家里常做的菜，鸡鸭内脏加入豆腐干、冬芥菜、青椒或茭白等炒在一起；后东坡，红得透亮，色如玛瑙，夹起一块尝尝，软而不烂，肥而不腻；白鲞拼鸡，白鲞和鸡的香味一起溢出来，想想就很美味呢；炒肉皮，劲道爽滑；醋溜鱼，鱼肉酸甜鲜香，配菜也味道浓郁，让人欲罢不能；蛋花汤，一口汤下肚，满嘴鲜香，胃里也暖暖的。喝碗汤吃个饭勾勾缝就可以下桌啦。

萧山“十碗头”，按照地域划分可分为沙地“十碗头”、塘里“十碗头”、上萧山“十碗头”。萧山民间，大凡男婚女嫁都会操办“十碗头”筵席，宴请亲朋好友、邻里乡亲。此外，民间小孩剃头、百日、得周、上梁、进屋、老人做寿等也要办酒席。这是萧山特有婚嫁筵席民俗文化，形成于明清时期，并风靡当地数百年。其中沙地“十碗头”在2012年被列入萧山区非物质文化遗产保护名录。

沙地包括宁围、新街（部分）、衙前、瓜沥、坎山、靖江、南阳、河庄、义蓬、党山、党湾、益农、新湾、前进、临江等街道。沙地人生活在钱塘江边的滩涂地，他们大多是从绍兴迁移来此，一开始都一穷二白，想要起家立业，只能靠自己的双手和头脑，因此沙地人天然具有勤俭的品质，“肯做生活”“会做人家”；而且沙地人擅长商品交易，精于计算，他们很关心市场变化和价格信息，一开口就是“今朝毛豆价钿好弗好”。

沙地十碗头：土三鲜、大东坡、鲞拼鸡、糖醋排骨、醋溜鱼、农家细炒、芹菜炒肉丝、炒时件、发皮小炒、蛋花汤。

里畈（俗称塘里）包括城区的新塘街道、城厢街道、北干街道、蜀山街道和部分闻堰街道、部分新街镇以及现在划归于滨江区的浦沿街道、长河街道、西兴街道。里畈人世代居住于海塘以内的安全地带，他们有祖辈留下的产业，生活比较有保障，而且聚族而居，有祠堂，有传统，重情谊，讲究辈分和秩序，里畈人大多认为“金窝银窝，不如自己的草窝”，喜欢稳定的生活。

塘里十碗头：炒三鲜、红烧蹄髈、鲞扣鸡、糖醋排骨、醋溜鱼、勒笋烧肉、农家细炒、炒荤素菜、腌白菜炒冬笋、干菜。

上山（上萧山）包括楼塔、河上、戴村、义桥、临浦、进化、浦阳、所前、闻堰（部分）等镇、街道。上山人生活在萧山南部，靠近山区，也是世代聚族而居，姓氏集中，上山人有很强烈的团体归属感和互助精神，同声同气，民风淳朴，而且有古时尚勇好胜的风范，重义气，敢作敢当。

上萧山十碗头：汤三鲜、扣肉、酱丁、浑鸡、红烧鱼、鲞烧肉、雪菜小炒、醋溜鱼头、萝卜发皮、大豆腐。

萧山地处江南鱼米之乡，物产丰富，传统的萧山菜肴即“十碗头”由于传承时间久远，上萧山、里畈和沙地食材上也有差别。同时，由于中国人口流动加剧，南北口味不同，传统的萧山“土菜”也已悄然发生变化，萧山十大碗餐饮，整体上已呈现出全新的面目，拓展出鲜、清、爽、香、麻、辣诸多口味，以萧山本地菜肴为依托，纳川、湘、粤菜肴之所长，引得各路食客留恋不已，在舌尖上感受浓浓的萧山风情。

萧山大三鲜

萧山大三鲜是“十碗头”里很重要的一个菜。去菜场，最闹猛的地儿往往是卖鱼圆肉圆的地方，这两种食材是做大三鲜必不可少的。三鲜有荤有素，有菜有汤，营养丰富，滋味绵长。

三鲜是萧山男女老少最爱的菜品，没有之一。在萧山，三鲜好吃与否，关乎一家餐馆的兴衰。旧时，萧山有“开兴”“毓兴”“春和”等酒楼，以专做三鲜而闻名食界。往上溯源，三鲜大约起源于年夜饭上家家必备的一只“十锦暖锅”，只要比较下两者的食材构成，就可以看出其中的渊源。十锦暖锅以鸡、肉之汤汁，黄芽菜、粉丝打底，配以泡发后的肉皮，蛋卷、鸡肉、鱼圆、肉圆、肚片、河虾等为主料。三鲜主料也是这几种，只不过现在人更注重营养全面，三鲜的食材种类比十锦暖锅更为多样而已。

三鲜是红白喜事餐桌上的必备品。从上菜的顺序看，冷盘之后，第一个端上来的热菜便是三鲜，红红白白，嫩黄葱绿，让吃饭的人们展开丰富联想，一筷落肚，充分调动味蕾的敏感度与积极性，为品尝后面陆绎不绝的众多菜肴打下美好的基础。比如一场激烈的比赛，队员们总要先热身一下。这三鲜，起的就是这个作用。

制作过程：

1. 将水发肉皮切成长5厘米、宽2厘米的菱角片洗净，将大白菜洗干净切成4厘米的段备用，将笋去皮洗净，猪心、猪肚均切成长4厘米、宽2厘米的片状待用。

2. 鱼茸制成10只丸子在清水中养熟，肉末制成10只丸子上笼蒸熟，鸡蛋打散煎成蛋糕切片待用。

3. 起锅，放入猪油，加入大白菜煸炒，放入清鸡汤、水烧开后，放入笋片、猪心、河虾、水发肉皮、猪肚，待开后依次放入盐、味精调味。

4. 出锅装入大深碗中，上面分别盖上鱼丸、肉丸、蛋糕、撒上葱花即可。

萝卜干煎蛋

要说网红食品，“萧山萝卜干”算得上是头代祖宗。

萝卜干制作在萧山已有 100 多年历史，主要产地在东片沙地，后流传到南片及其他地区。

萧山萝卜干选择的“一刀种”萝卜品种，直径 5—6 厘米，长约 20 厘米，因其长度与菜刀相近，加工时可一刀分两半而得名。“一刀种”萝卜播种期一般在 9 月上旬，收获期在 12 月中下旬，加工期则可至来年 2 月。将萝卜洗净后去根、削皮，均匀切成约手指宽的三角形状长条。在芦帘或麻杆帘上摊薄均匀翻晒，一般晒至手捏柔软无硬条即可。然后加盐拌匀，轻揉至水分出来，倒入缸中层层踏紧，进行初次腌制。几天后出缸翻晒，再次进缸腌制。经过两次腌制的萝卜条分层入坛中继续腌制，用木杵捣实压紧，仅留能放两只手的空间。最后，用盐封顶，加盖毛竹叶，稻草绳盘结塞口，黄泥封口，一般 30 天可成。这样制成的萝卜干可在坛里保存一二年不变质，香味浓郁。刚开坛的萧山萝卜干，色泽黄亮，条形均匀，肉质厚实，咸甜适宜，鲜脆爽口，保留了萝卜的自然甜性，又富有回味，人们谓之“色、香、甜、脆、鲜”五绝，蒸、炒、煮、炖样样出彩。

萝卜干稍稍浸泡后，沥干，切碎，鸡蛋或者鸭蛋打入碗中搅拌均匀，锅里加油至八分热，先放萝卜干煸炒，再倒入碗里的蛋液，装入白瓷碗中，撒一撮青葱更加养眼。这道萝卜干煎蛋，简单便捷又咸鲜可口。

萝卜干炒毛豆子，色泽亮丽，口感鲜爽，萧山各大饭店都少不了这道菜。

煎包是早点的一种，一般里面的馅都是鲜肉，加了网红萝卜干，变成萝卜干煎包，吃到嘴里，不再是那种千篇一律的肥和腻，而是另外一种咸脆与鲜爽。

萝卜干炖肉、萝卜干软饼、萝卜干炒毛豆子，网红萝卜干搭上谁就是谁。蒸一蒸，再炒一炒，放点糖，放点味精，自带光环的萧山萝卜干就可以上桌了。即

使啥都不搭，萝卜干炒萝卜干也让人吃得停不下来。

央视摄制组来萧山拍湘湖，餐餐要求主办方上一盘以萝卜干为主角的菜品，其热爱程度远胜萧山本地人。

萧山萝卜干好吃的秘密在哪里？在种植它的这一方水土，在当值（伺候）它的这一代代农户。

透露一个大秘密，吃到嘴里的萧山萝卜干可不普通哦！1982 年 4 月就被评为商业部优质产品，2009 年 6 月 22 日又被列入第三批浙江省非物质文化遗产名录。

白切萧山鸡

萧山鸡有N种吃法。“萧山大种鸡”是特产耶！“特”在哪？说出来吓你一跳：

萧山大种鸡养殖技艺2011年8月4日被列入第四批萧山区级非物质文化遗产名录。萧山大种鸡属肉蛋兼用型良种。因其羽毛、喙部和脚胫均呈金黄色，故称“三黄鸡”。相传它曾是古越国宫廷的观赏之物，所以古籍中有“越鸡”之称。萧山大种鸡体形肥大，一般成年母鸡约2千克，有的体重达5千克以上。单冠色红，冠峰不高，尾巴上的羽毛长得较低。

公鸡体重约3—3.5千克，体态健壮，冠高色红，羽呈金黄色或红黄色，“红毛大阉鸡”是其美名，尾巴上的羽毛长得较高，呈黑中带蓝色，好斗。牛不牛？

白切鸡——把一只浑鸡蒸熟，直接切块。这就是白切鸡，也叫“白斩鸡”。

说起白斩鸡，口里没来由汪起一嘴的唾液，眼前浮现出灿若黄金的鸡身。不用配料，直接上笼屉蒸熟，切块，蘸各式酱油如六月鲜、头道鲜、李锦记，随便吃，都是顶级的鲜爽甜美。

鲞拼鸡——鸡肉鲜嫩美味，可搭配另外滋味浓厚之食材，譬如白鲞、火腿之类，尤以白鲞为美。这就好比一张白纸，正可绘最新最美之图画。鲞拼鸡，就是鸡肉这张白纸与白鲞这支彩笔绘出的滋味最浓厚的画图。“鲞拼鸡”这道名菜，对食材要求较高，鸡要萧山鸡，鲞要台州鲞，如是这两种食材，那么这碗“鲞拼鸡”便是食客们最为满意的了。但如今，你要找正宗的食材，难。撇开食材这个根本性问题，现在做任何菜都比较方便，去超市或者菜场买来鸡和白鲞，先把鸡蒸到五六成熟，切块待用，再把浸泡过的白鲞仿照鸡块大小斩好，取一只大小适中的碗，半边鸡块半边白鲞装好，最上面盖一些春笋、茭白之类的时令蔬菜，浇上鸡汤，再上笼屉蒸半小时左右。取一只比原碗大些的碗，倒扣。

“客倌，你要的鲞拼鸡来啦。”一听到这招呼，食客的口水立马涌上来。

大镬柴灶鸡也可以了解下——

柴灶，感觉很古老的样子。去乡下，唯一的要求，就是吃一顿柴灶饭。满满一锅米饭，吃完还不够，争着吃锅焦，吃出儿时的童年味道。

柴灶鸡，也是这样用大锅烧出来的。烧的柴禾也有讲究，最好用松枝，烧好的菜也带了松木香。本地鸡、本地香肠，放大锅里蒸煮。

火在灶膛里跳跃，沸腾的水用蒸汽撩拨，鸡慢慢裂开它金黄的表皮，开始往下滴沥鸡汁，香肠承载不住这番爱抚，迸发出最热烈的回应，最终献出自己全部的精气神。

你中有我，我中有你，天地之道，举一反三。吃的时候，鸡里有香肠的味道，香肠里有鸡的鲜嫩。

制作过程：

1. 油豆腐、豆腐干、时笋、胡萝卜切粗丝待用

2. 腌白菜洗净切成 4 厘米段

3. 将锅置旺火上下油待三成热时加入所有原料迅速翻炒调味，加少量水炒熟即可。

八宝菜

一年365天，四时八节不少，但过年，始终是老百姓家里最隆重的事。从腊八开始，做年糕、裹粽子、掸尘、祭灶、请菩萨，一事赶着一事。

民间俗语“年三十夜吃一餐，正月初一穿一身”，把平头百姓的生活诉求明白无误地表达了出来。

大年三十吃饭，菜肴丰盛之外，还要讨彩头、讴顺流。譬如一道常见的鱼，切开成头尾中三段，用油煎了，头尾安居碗底，中段放在上面，看上去状似“元宝”，故美其名曰“元宝鱼”。同样，以盐白菜为主料，加上香菇、木耳、豆腐干、油豆腐、肉皮、勒笋、冬笋等炒成的菜，叫“八宝菜”，此菜以其食材众多而得名。“八宝菜”并不一定要八样，多几样少几样也没有定数，但里面必不可少的一味食材，就是黄豆芽。因黄豆芽形似“如意”，故此菜又被人们称为“如意菜”。一碗平平常常的素菜，偏偏冠以“八宝”“如意”字样的名字，实在寓意了人们对美好生活的向往与祈求。

制作过程：

1. 将鲫鱼去鳞、鳃、内脏，洗净后沿背骨从头向尾侧面片一片。

2. 取萝卜切成丝。

3. 将炒锅置旺火下油待三成热时用葱姜炝锅，把鱼放入油锅内略煎后迅速翻身加入料酒、开水，同时加入萝卜丝盖上锅盖用旺火烧 5 分钟左右，调入盐、味精装入品锅即可。

萝卜丝鲫鱼汤

要说颜值，所有食材中，萝卜顶多排在中间，比芋艿、土豆、洋葱看上去清纯一点。小时候玩得一身泥，傍晚回家，总要招致大人的呵责，听得最多的一句，就是“像个污泥萝卜”。但颜值不高的萝卜营养价值很高，民间有“萝卜土人参”“青菜萝卜保平安”之说，把萝卜等同于那些貌不惊人却身怀绝技的高手。

12个月里，萧山人餐桌上出现最多的，必是萝卜或者萝卜干。“萝卜上市，太医无事”，萝卜的功劳真可谓很大。润肺、消肿、治痛风，甚至还能排毒防癌。萧山人走出去也一个赛一个能干，大约都跟爱吃萝卜脱不了关系吧！

萝卜丝鲫鱼汤——萝卜切成丝，与本塘鲫鱼煎煮一番，一道“温中下气，健脾利湿”的保健菜品就这样诞生了。奶白色的鱼汤里，白萝卜静卧其中，清纯甜美，令人食欲大振。萧山民间还把它当成一味“催奶剂”，谁家宝妈没有奶水，肯定有人推荐这味萝卜丝鲫鱼汤。

萝卜丝小牛肉——充分发挥萝卜与牛肉的特长，滋味独特，口感浓而不腻，牛肉的香中透出萝卜的鲜。色彩鲜艳，造型甜美。

萧山辣椒菜

膏腴脂肥，满桌鱼肉无从下箸。忽闻厨房里传出辣椒菜咸香辛辣的滋味，味蕾重新被唤醒，感觉塞满了食物的胃里又有地方腾出来，可以装下一碗饭了。

“萧山辣椒菜”，素有“敲饭榔头”之称。

萧山本地辣椒不太辣，往往被川湘来客鄙视：这哪是辣椒，简直是甜椒嘛。但萧山人就喜欢这样的辣度，吃到嘴里不至于火烧火燎，还能分辨出哪些是辣椒哪些是肉丝哪些是豆腐干丝哪些是倒笃菜。萧山辣椒菜，最能调味的，是其中的倒笃菜。据老辈人讲，这倒笃菜的发明权，应归于孙权的母亲，就是那个三国时期的吴国太。这位老太太治家有道，把地里的芥菜晒得黄黄的干干的，然后，用一根小木棍把它们塞进坛子，筑得严严实实，坛口封上稻草糊泥，倒扣在地面。“倒笃菜”就这样诞生了。

制作过程：

1. 将倒笃菜用刀略排待用。

2. 将豆腐干、时笋、五花肉、杭椒均切成丝待用。

3. 炒锅置旺火上烧热下猪油，放入五花肉丝煸香，再依次放入杭椒、倒笃菜、笋丝、豆腐干丝煸炒出香味，放入糖、味精出锅装盘即可。

红烧霉千张

现代人看到一个“霉”字就会紧张无比，仿佛是一只潘多拉的盒子，里面装着尽是病菌和毒素。其实，此霉非彼霉，霉千张的霉，与霉毛豆、霉豆腐、霉苋菜梗一样，都是沙地百姓在物资贫乏的生活中发现的风味独特的食用菌，吃下去开胃长力，有利而无害，就像徽菜中那有名的毛豆腐，自《舌尖上的中国》播出以来，吸引了无数“爱霉人士”。

霉千张加水，再加一匙菜籽油，上饭架清蒸，是小时候渴望吃到的一道菜。

霉千张蒸肉饼，是20世纪八九十年代才有的菜品。素食中有了肉味，不仅丰富滋味，更重要的是增加了营养。经济条件改善了，生活水平当然也提高了。

霉千张红烧，用肉沫、蒜泥、红椒、青葱，把这味土得掉渣霉得不成样子的食材，做成最具匠心、最有创意、最触动味蕾的新菜。

美食，其实是富裕昌盛时代才有的追求。土菜的各种新做法，让我们的味蕾有了越来越高的要求。

制作过程：

将取好的霉千张切成3厘米大小的条状、入五成热油锅稍炸下取出后，锅里入肉沫炒香放入霉千张，加酱油、味精翻炒均匀出锅装盘即可。

水磨豆腐花

七个碟子八个碗，一小桶水磨豆腐花上桌，边上那些虾皮、紫菜、香菜、小葱、蒜泥、白糖、麻油、酱油、醋等都开始派上用场发挥作用了。比豆腐稀，比豆浆浓，介于两者之间的水磨豆腐花深得大众喜爱，咸甜随意，各取所需。正餐之前先来一碟，开胃提兴外，还可消解饮酒过量带来的不适，抵挡酒精对胃黏膜的冲击。

无论小食还是佐餐，水磨豆腐花都是不错的选择。

制作过程：

1. 将老毛豆用冷水泡涨后待用。
2. 将泡好的毛豆放入电磨机内，加入适量清水，打磨成豆浆。
3. 用沙布过滤出豆渣后将豆浆烧开待用。
4. 在盛器中放入少许水拌匀后倒入烧开的豆浆，撇掉上面少许浮沫，放入盐卤，静止5分钟，待豆浆凝固。
5. 走菜时按客人口味配上各种小料即可。

梅干菜走油肉

肉要走油，以减少肥腻；梅干菜却要用油先炒一下，让它不再枯涩而显得油润。梅干菜走油肉，不单单是两种食材的简单组合，不是想当然的干菜揩猪肉的油，而是在组合之前，先打造好自身的品味，把最好的“我”献给对方。这有点像企业重组，不是那种强对弱的兼并，也不是那种弱对强的投靠，而是优与优的结盟，强与强的联合。这样的 1+1，结果当然是大于 2。

制作过程：

1. 将五花肉洗净，放入锅中煮熟透，在肉表皮抹上酱油待用。

2. 炒锅置旺火上，下入菜籽油，烧至油温八成热时将肉块皮朝下投入油锅中，盖上锅盖炸 1 分钟左右捞出沥油，待表皮起泡为佳。

3. 取扣碗一只，用八角垫底，将炸好的肉切成厚薄适中的方块，皮朝下扣入碗中，上放炒过的梅干菜，放入调料上笼蒸 2 小时，取出倒扣在深盘中即可。

酱　鸭

说到鸭，种类还真不少，有名的如北京鸭、狄高鸭、绍兴鸭、高邮鸭、桂西鸭等。鸭子当中以老鸭最行俏，有句话叫“火腿炖老鸭，吃得高兴煞”，可见其味道之好。笋干老鸭煲也是人见人爱。春天时光养下一班小鸭，以河里的浮萍为食，三四个月后，鸭娘都会生蛋了，那些不会生蛋的雄鸭，便一只只成了人们的口中美食。到得年下，西北风紧，恰是晒酱货的好时节，养了一年的老鸭正好拿来做酱鸭。宰杀洗净，葱、姜、糖、酱油、黄酒、五香料，一只鸭子可以说是埋进了这些调味料中间，上面再压上一点有分量的东西。想吃淡的，一天后把鸭子捞出晒干，想吃得咸一点的，多酱一天未尝不可。

在萧山，鸭子不仅仅是一种食物，有时还用它来嘲讽人。比如“篰底鸭”，原指体格弱小的鸭，人们便用它来比喻性格懦弱地位低下的人。再如“呆婆鸭”，一种体形大而行动笨拙的家鸭，人们用来比喻那些反应迟钝的人。

制作过程：

老鸭杀净挂干，容器中加葱、姜、绍酒、糖、五香料、酱油泡制一天后捞出晒干，上笼蒸熟改刀后即可。

香干马兰头

马兰头是春天的时令菜。想吃出最好的味道，就得你自己去春天的田野里去挖，萧山人叫剜。拿家里种花的那柄圆锥型种花刀，往下一剜，一株马兰头就到手了。这可是个细腻活，说不定用了一上午还只有一手把呢。不过呢，你可以看山野美景，早春的田野虽说还不到万紫千红，但草色早已绿遍山原。如果刚好有一条通往村外的泥路，路的那头连着一座曾经兴旺过的小镇，那白居易诗句“远方侵古道，晴翠接荒城”的意境便出现在你眼前了，你脑海里便会思绪翻腾如脱缰之野马。你一手提着篮子，一手拿着种花刀，神思悠悠。想什么呢？你自己也不知道。

剜来的马兰头与豆腐干一起用水氽过，放在冷水里“激”一下，从热得烫手到冷得入骨，暴热与暴冷瞬间转换，马兰头色彩保持原有的完美。挤干水分，用盐、鸡精、麻油拌匀。香干马兰头端上桌的时候，称得上“翡翠白玉”的美称。

制作过程：

马兰头、香干氽水，入冷水放凉沥干后切成粒，加入盐、味精、麻油放入盘中拌均匀即可。

萧山香肠

香肠有名者，要数水乡小镇安昌，黑红酱香，滋味醇厚。央视《舌尖上的中国》把安昌香肠之所以好，归结为安昌自产的酱油好，这是有道理的。一方水土，一方饮食，一方口味。背井离乡的人，最怀念的莫过于家乡的一饮一食。乡愁，说到底就是来到人世遭遇的第一道天光、第一声乡音、第一口汤汁。

萧山也有自己的酱园——大昌酱园。大昌酱园历史悠久，产品制作精良，是纯正的萧山人口味。萧山人拿它酱鸡、酱鸭、酱肉，冬日阳光下，全萧山弥漫着浓郁的酱香味，风里还有一丝桂皮大茴的香，元红花雕的香，让人不由得放慢脚步，细嗅细品。制作香肠也成了自然而然的习惯。夹心肉、小肠衣、元红酒，还有就是大昌的酱油。晒出来的香肠，颜值超过安昌，不会黑得像李逵，而是红亮如关羽。至于味道，妥妥的萧山传统口味。

萧山香肠不比安昌香肠退板（萧山话，意即“逊色”），缺少的，只是央视摄制组。

制作过程：

夹心肉切成小粒，加入酱油、味精、绍酒、姜末搅拌均匀，
灌入肠衣中打好结风干，上笼蒸熟改刀即可。

萧山坛子肉

食物，吃的不仅仅是食材，很多时候它还是一种情感的承载，一种文化的积淀。

比如萧山人爱吃的这一坛子肉。

萧山人的勤劳勇敢，萧山人的聪慧巧思，都体现在这道看似普通的菜里。20世纪六七十年代，萧山的每个男劳力都要去钱塘江边围涂。有一家主妇为给丈夫儿子补充体力，买得几斤条肉，本想梅干菜焐肉，既入味又可多放些时日，后闻到萝卜干香味，灵机一动，把肉与萝卜干放在一起蒸煮，一蒸再蒸，肉烂如糜，莹洁夺目，萝卜干吸饱肉汁，红黑油亮。这一坛子萝卜干蒸肉带到围垦工地，香气冲天，丈夫儿子吃了之后力气倍增，提前完成了任务。

说到这道坛子肉，总会让人想起云南的“过桥米线”，两者都凝聚着妻子对丈夫的体贴与关爱。

手捏菜潮虾

这菜是沙地人家平常日子吃的。

土地是人们最忠实的伙伴，只要肯付出，它总会奉献出自己的所能。“春播夏种，秋收冬藏”，二十四节气则是农业社会必须遵从的不二法则。“八月种芥，沙篮拎破”，过了这时节，施再多的肥也无用。菜籽撒下，就是后期管理了。“三日两头浇，廿日好动刀”，不到一个月，小菜籽长成一片绿油油的青菜。从地里拎来一篮篮青菜，主妇变着法子做青菜：菜油炒、猪油炒、肉片炒、咸菜炒，炒来炒去，主料就是青菜。眼看篮里的青菜转了色，青里透出黄来。想想当初种它的时候千辛万苦，扔掉或者喂猪总是心有不甘。再说，菜橱里也确实翻不出另外的东西来，仅有的四五只鸡蛋还要备着，保不定哪天有客人上门呢。聪明的主妇思来想去，把菜切细，洒上白盐，用手捏啊捏，一会儿就有汁水从手底漉出。是青菜又不是青菜，像咸菜又不是咸菜，闻上去别有清香，上饭架蒸熟，放上一笃猪油，无论是放学归来的孩子，还是从田里上岸的男人，筷子不时伸向这碗身份不明的手捏菜，感觉很好吃的样子。主妇自己也夹了一筷，嗯，滋味介于青菜与咸菜之间，别有风味。这以后，主妇做菜又多了一个选择。

手捏菜见证了那个年代的困窘，也彰显了沙地主妇们的节俭与聪慧。现在，吃手捏菜成了一种口味的调剂，成了一种时尚。

在满桌红烧与油焖的辉煌中，假如有人提议再点一个手捏菜潮虾清清口，保证会赢得大家的欢呼。

制作过程：

1. 毛毛菜切碎，用少量盐捏熟待用。

2. 起锅下食用油 5 克至三成热时下手捏菜煸至成熟时，下潮虾煸炒调味即可。

第三章　湘湖湖珍

湘湖地处萧山城西，群山环抱，湖面浩渺。湘湖物产丰富，有“日出一只金元宝”之称。元人赵子渐《萧山赋》中写湘湖四时物产，有“莼橘樱栗”之说。湘湖湖中除“鳙鲢青草”四鱼之外，还有鲤鱼和鳊鱼，至于泥鳅、黄鳝、呆土步等杂鱼，人们都不拿正眼看的，更不会拿它待客。

滨湖居民岸上采樱桃，淤泥造砖瓦，在漫长的时光隧道里，面湖而居，以湖为生，日常的烟火生活里多的是湘湖水产的鲜美滋味。野菜河虾仁、湘湖泉水烧土步、双油氽黄蚬、莼菜鱼圆、越王东坡鸡等家常菜肴，无不洋溢着生存的智慧与生活的温暖。

制作过程：

1. 五花猪肉取 4 厘米正方肉块，把准备好的肉生炒出香味加入绍酒、酱油、葱等调料烧制 120 分钟。

2. 将本鸡去掉内脏和脚，洗净后用刀把整鸡拍松，将头向上翅膀定型入锅飞水。

3. 把本鸡放入煲中，再加入烧制好的肉和汤汁一起用文火煲 1 小时，收汁后放入一小把葱花即可。

越王东坡鸡

都说众口难调，去跨湖楼吃饭，点个越王东坡鸡准错不了，保证人人都爱吃。这道菜分量十足，色泽红亮，香气浓郁，更主要的一点是好吃。肉好吃，鸡好吃，汤汁也好吃。

有一句广告词，叫“药材好，药才好”，套用在这道菜上，叫“食材好，食才好”。越王东坡鸡用的是萧山本地的三黄鸡，一斤多重。这个鸡有讲究的，必须是当年养的还没有下过蛋的小母鸡，萧山人叫“仔鸡”，鲜、香、嫩，好口味的几大元素全占齐了。伴这个鸡一起烧煮的肉，最好是“两头乌”身上的条肉。

相传这道菜起源于2000多年前的吴越争霸时期。当时越王勾践在湘湖城山屯兵拒吴，并将城山改名为“固陵”。勾践践为国事操劳，生活也颇为艰苦，那几日正好吃了士兵抓来的鸡，又吃了猪肉，均有剩余，特意嘱咐厨子万万不可扔了，可以热热下顿再吃。厨子眼见勾践辛劳憔悴，心有不忍但不敢违抗王命，踌躇之间突发异想：不如把剩下的鸡和肉炖在一起重新加工一下试试？这一试可是试出了新菜品，勾践吃了食欲大开，大为称赞。从此，案板上的猪肉和地上跑动的土鸡成了“黄金搭档”，这道菜也在湘湖一带流传开来。老一辈的湘湖人只要做了这道菜，还免不了要跟后辈子孙们说说这道菜的故事。

制作过程：

1. 将鱼头洗净，冬瓜切小块，番茄切片。

2. 用多种蔬菜煸香后加鱼骨汤调成汤料。

3. 冬瓜放入砂锅底，鱼头正面煎黄后放在冬瓜上加入汤料，加盖上火烧 12 分钟后加番茄、京葱等再烧开即可。

养生鱼头

80 后、90 后进厨房的越来越少。

做饭 2 个小时，吃饭 20 分钟，收拾残局又是 2 个小时，下厨房在他们看来等同于浪费生命。一个现代人，四季靠空调活命，肚饿靠外卖续命，养生靠枸杞撑命，下厨房做饭等于谋财害命。

厨房是 60 后、70 后的主战场，后半辈子的生活质量全看厨房里的操作水平。一个鱼头，当然不是普通的鱼头，要么是千岛湖的有机鱼头，要么是钱塘江里的野生鱼头，不白灼不红烧，得配上许多别的食材才营养全面。营养，营养，营养，重要的事情一定要说三遍。不用赶班车地铁，不用看“甲方爸爸”的脸色，不用猜对象的心思，以厨房为基地的人，有的是时间精挑细拣，精工细作。食材弄到之后，配料可以杂但必须得全，刀功可以慢但绝对要精，火候可以久但一定要足。

鱼头安卧在浓汤里面，旁边配着翠绿的青菜、火红的番茄、雪白的鱼丸或鸽子蛋。

60 后、70 后做好饭菜，招呼 80 后、90 后前来品尝。姗姗来迟的吃饭者，尽管眼馋肚饿，却并不急着动筷，只见他们拿起手机，对着桌上的菜一顿狂拍。用他们的话说：这么好的饭菜，当然应该让手机先吃！

鱼头有各种吃法，红烧是吃客们喜欢的一种。一个三四斤重的大鱼头一剖为二，挂浆之后，入油锅，煎之焦黄，鱼香飘飞时，撒姜块葱段，倒入绍酒、老抽、生抽，小火焖烧，旺火收汁，十几分钟后出锅，装入大瓷盘。浓油赤酱，鲜香味美。

莼菜鱼圆

“湘湖烟雨长莼丝，菰米新炊滑上匙。” 莼菜与南宋大诗人陆游有缘。800多年前，绍兴人陆游上都城临安公干，经常泊舟在城河边的江寺。上岸之后，就在附近寻个饭铺，点些时鲜菜蔬，而莼菜是他每次必点的保留菜品。

莼菜有什么好？莼菜又名蓴菜、马蹄菜，是多年生水生宿根草本植物。嫩叶可供食用。莼菜本身没有味道，胜在口感圆融，鲜美滑嫩，为珍贵蔬菜之一。

圆融、鲜美、滑嫩，这三个词组排列在一起，让人联想起春天、珠玉、花蕊、嫩芽、孩童等美好的意象。

这就是莼菜。

鱼圆通常是用花鲢的肉做的。顺着纹路小心地刮下那些鱼茸，加一些蛋清，加入盐、味精、青葱不停地搅拌，然后用手抟成一个个圆子。

湘湖莼菜鱼圆，胜在两种食材都是湘湖水养育的。

还是一句话：原汤化原食，吃得最落胃。

另外，“一青二白”的颜值，也让人悦目赏心。

跟莼菜相关的菜还有一道莼菜鲈鱼羹。

1600多年前，苏州人张翰在洛阳做官，有一年秋风起，张翰就念叨起江南特有的“莼菜羹”与“鲈鱼脍”来，对边上的人说：人生最重要的是活得随心适意，怎么可以为了名利而千里奔波呢。话一说完就命令下人驾车南归回到故乡。从此，“莼菜鲈鱼”带上了浓郁的文化色彩，成为江南的代名词，“莼鲈之思”也成了一个典故。今天，在苏州沧浪亭张翰石刻像上，还有这样的句子：秋风京洛，驰想莼鲈，首丘一赋，达人楷模。

取钱塘江白鲈鱼 300 克去骨去筋，切脍，上浆；湘湖莼菜 200 克汆熟沥干，放湘湖泉水中待用。炒锅油三成热时，倒入鱼脍，呈玉白色时捞起，沥干。在炒锅中放入葱段煸香，加绍酒、精盐、清汤、鸡油，烧开，撇去葱段，放姜水，用淀粉勾芡，将鱼脍与莼菜放入锅中，加熟鸡丝 25 克，火腿丝 10 克，推炒几个回合，盛深盘中，上面撒陈皮丝 5 克、胡椒粉 2 克。此等美味，实在是人间不可多得。

再来说说土鸡莼菜功夫汤。

土鸡和莼菜，两种食材都是萧山有名的特产。

土鸡当然是指“三黄鸡”或者“大种鸡”了。大种鸡有五到八斤重，过于庞大，多在年下吃，所以，这个功夫汤里的“土鸡”，非“三黄鸡”莫属。

再说莼菜。1980 年 3 月，《杭州日报》登载了这样一则消息：“萧山县闻堰公社老虎洞大队人工种植莼菜成功，萧山传统名产得以恢复。”莼菜作为湘湖土著，种植历史悠久。“此生安得常强健，小艇湘湖自采莼”，大诗人陆游写的这一诗句，既表达了对人生老境的诉求，又洋溢着对湘湖莼菜的喜爱。如今的湘湖景区，尚有“青蒲问莼”一景，游人可在那里细细观察莼菜的模样。

食材齐全，接下来，就是烹饪的方式方法了。“功夫”二字，透出的信息量不少。“功夫茶”属于茶道范畴，突出一个“细”字，一个“慢”字，一个“雅”字，雍容，华贵。而这道“土鸡莼菜功夫汤”也是这样，从准备食材开始，到端上台面，制作的时间在 5 个小时以上。

速食时代，慢与细是一种品质，一种奢华，如能达到雅致，则更升华到艺与美的境界。

制作过程：

1. 把净鱼肉切碎，剁排成鱼泥。

2. 鱼茸放入盐、味精，水，顺时针打上劲，挤成鱼圆，小火放入水中。

3. 另起锅，加入清鸡汤调味，放入鱼圆，撒上熟鸡丝、火腿丝，再加上氽过水的莼菜即可。

馈鱼退兵

相传春秋时期吴越争霸，越王勾践退守湘湖边的城山，与山下吴军对峙。一日，有吴军兵士奉命上山，送给勾践两条咸鱼。范蠡一看，当即明白对方用意，回头叫士兵在洗马池中捉起两条鲤鱼，让吴兵带回山下。吴军统帅一看，有鱼即有水，越军决不可能投降，当即撤兵而去。这就是有名的“馈鱼退兵”的故事。宋代一个叫华镇的人，就这一历史事件写了一首诗：“兵家制胜旧多门，赠答雍容亦解纷。缓报一双文锦鲤，坐归十万水犀军。”打仗取胜各有窍门，外交领域应对得体也是一种本事。吴越争霸之时，靠什么解救被十万吴军包围着的城山？范蠡只用了两条小小的活鱼。

“馈鱼退兵”这道菜以湘湖包头鱼为主料，配以酸甜爽口的泡椒萝卜，加湘湖泉水烹制而成。

制作过程：

1. 将湘湖包头鱼鱼头用湘湖泉水烧制，加入自制泡椒萝卜，用盐、味精、鸡粉调味烧入味后装盘。

2. 鱼肉上浆，划熟后装盘即可。

制作过程：

1. 将土步鱼肚子剖开去内脏，去鳞去腮洗净，用刀在背部剞刀待用。

2. 冬笋切片。

3. 炒锅置火上烧热下猪油放入土步鱼略煎，再放入姜片、葱段，烹入绍酒、笋片略炒后放入开水，最后水冬菜滚 2 分钟调味出锅即可。

水冬菜烧土步鱼

土步鱼有多种吃法。

土步鱼一般生活在浅水砾石处，脑袋扁圆，鱼身短而胖，看上去蠢笨呆萌。关于土步鱼，颇有些典故可谈。按《萧山县志稿》，三月份的湘湖土步鱼最好吃，“杜父鱼又名土步鱼，以出湘湖者为上，桃花水涨时尤美”。土步鱼容易抓，按《萧山湘湖志》记载，“滨湖之家以瓦为阱，或以破舟沉水中，隔宿起视，则鱼已穴处焉”。生活中，人们把那些脑子不太灵光的人比喻为“呆土步”，很形象。土步鱼主食幼虾与水生昆虫，其肉质细嫩鲜美，深得大众喜爱。土步鱼“肉最松嫩，煎之、煮之、蒸之俱可。加腌芥作汤、作羹，尤鲜”。著有《随园食单》一书的清代才子袁枚，说起土步鱼来赞不绝口，而且还发明了多种吃法，比如用水冬菜来烧土步鱼，即“加腌芥作汤”，就是其中一法。

从前萧山长河、浦沿一带叫“四都”，农民有种植芥菜的传统，鲜菜收割洗净晾干，加盐腌制，其成品就是冬芥菜。“四都芥菜”色泽黄亮，香味浓郁，用它和清明前后的土步鱼同入油锅烧煮，加入笋片、姜片，好吃到哭。

为什么一定要点出是“清明前后”的土步鱼呢？这有道理可说。先说两位古人——唐代诗人白居易流连西湖，说自己“未能抛得杭州去，一半勾留是此湖”，清代诗人陈璨写了一首《西湖竹枝词》来诠释白公勾留杭州不肯去的另一部分原因：“清明土步鱼初美，重九团脐蟹正肥。莫怪白公抛不得，便论食品也忘归。”陈璨认为，吸引白居易的还有这里的美食，如春天的土步鱼，秋天的大闸蟹。那么，春天的土步鱼究竟好在哪里？油菜花开，正是土步鱼产卵的时候，肉质特别鲜美，营养价值也最高。桃花水涨，油菜花开，正春光明媚之时。

湘湖周边群山环绕，植被茂密，随处可见叮咚流淌的泉水。湘湖泉水富含多种对人体有益的微量元素，是附近人们煮茶做饭的首选用水。拿湘湖泉水来炖煮湘湖土步鱼，可谓是“原汤化原食”，最得其中真味。

制作过程：

青鱼杀净，加葱、姜、盐、白酒调味，腌制一天后挂好风干，上笼蒸熟改刀即可。

风味青鱼干

青鱼，因其喜食螺蛳，又称螺蛳青，是一种生活在中下层水域的鱼，个体较大，肉厚刺少，富含脂肪，适合腌制后风干制成青鱼干。湘湖湖面宽阔，不同水域都有鱼类生活。2016 年 11 月，钓客老孙使用螺肉加小麦的饵料，在湘湖里钓起一条 54 斤重的螺蛳青，一时羡煞许多钓友。

青鱼体大脂肪多，晒成鱼干是最好的扬长避短。

做鱼干是一件很讲究的事，首要考虑的是选择食材，必须选用新鲜的鱼，因为只有新鲜的鱼制成的鱼干，才会没有腐腥味，从而达到上佳的口感。其次是选择季节，晾晒鱼干，最好是在没有苍蝇的冬季。还有要让鲜鱼在背阴处快速脱水风干，这样能使鱼体内的蛋白质保存完好。同时，用盐也大有讲究，盐多了鱼干就太咸，很多人下酒就嫌口重，盐少了鱼干就不易保存。

青鱼是鱼干晒制中最难处理的鱼类，挑战性最大，失手的几率最高，这都缘于它鱼体过大脂肪过多。凡能上桌待客的青鱼干，应该都是最好吃的鱼干了。

醋溜鱼块

醋作为开门七件事之一，在厨房中占有很大的比重，谁家厨房中能没有几瓶镇江醋、山西醋的。江浙一带，喜欢吃玫瑰醋，酸中带甜，最适合江南口味，蘸个白切鸡、饭焐肉，味道木佬佬的好。

江南水乡，鱼多而味美。一条大包头鱼，鱼头清蒸，鱼身切成一寸见方的鱼块，控水沥干，起油锅，葱、姜、蒜先行入锅，香气四溢时倒入鱼块翻炒，依次加黄酒、酱油，再加玫瑰醋，出锅前勾薄芡，即成。

这道菜量大色浓，盘子要大，最好是净白瓷，更能体现色泽上的反差，悦目赏心。鱼未上桌，已先闻香。待得入口，唯觉舌尖鲜嫩爽滑，酸甜可口，堪与楼外楼的西湖醋鱼媲美。

制作过程：

1. 将包头鱼肉斩成长 5 厘米、宽 2 厘米的长方块，萝卜切成长方片。
2. 将炒锅置旺火上，下食用油烧至六成热时，生姜炝锅放入鱼块，将炒锅颠翻几下，烹入绍酒、酱油、糖、萝卜块、汤水加盖烧沸后再烧 5 分钟，用醋、湿淀粉勾芡，撒上韭黄即可。

野菜河虾仁

“龙井虾仁”是杭帮菜里的一道名菜，名茶龙井与虾仁一起烹制，深得食客喜爱。青出于蓝，野菜河虾仁更得工薪阶层青睐。

湘湖或钱塘江里的河虾，在它们哔哔剥剥跳动的时候，剥去外壳，留洁白莹润的虾仁待用。蒿菜、荠菜、马兰头，房前屋后多的是这样的野菜，掐头去尾，留最好最嫩的，拿来与河虾仁配伍。

都说西湖如名妓，湘湖如处子，比较“龙井虾仁”与“野菜河虾仁”，也大有此种况味。

制作过程：

1. 河虾仁清洗干净用绍酒、鸡蛋清、淀粉调味上浆待用。
2. 马兰头清洗干净，下入沸水锅氽水，捞出时用冰水快速冷却，切末待用。
3. 将炒锅置中火上，下食用油烧至四成热放入浆好的虾仁，并迅速用筷子滑散（约10秒钟）至虾仁呈白色时，立即倒出沥去油，炒锅留底油下切好的马兰头煸出香味，下虾仁调入盐、味精快速翻炒，出锅即可。

红汤甲鱼

甲鱼是我们萧绍一带的叫法，有的地方叫它团鱼，有的地方叫它鳖甲，有的地方更奇怪，叫它“王八”。

在我们这里，从前，甲鱼是不上台面的。江南水乡，虾蟹鱼鳖唾手可得，是“土货”，平常日子自己吃吃可以，拿来招待客人，那就是一种怠慢。

现在倒好，各类水产海产都是席上之珍，甲鱼上桌更是隆重，或清炖，或生炒，或红焖，皆可体味到它的肉嫩味美，更难能可贵的是，鳖甲还是一味上好的药材，能益阴除热，软坚散结。“鳖甲软坚方”就是有名的中药组方。

蚝油、酱油、老抽、辣酱、猪油，加上高汤，在这浓得化不开的红汤汁里，黝黑的甲鱼与雪白的年糕一起端上来，在充实肠胃的同时，更强健我们的身体。

制作过程：

1. 将甲鱼杀好洗净切成均匀的 8 大块待用。
2. 将年糕切成 0.5 厘米左右的厚片待用。
3. 起油锅将大蒜子、京葱炸至金黄待用。
4. 锅内加少许猪油烧热，放入生姜、泰椒、辣酱和甲鱼炒香后加入绍酒、适量的高汤，放入调料改小火煨制 20 分钟。
5. 将煨制好的甲鱼大火收汁，同时加入炸好的京葱、大蒜子、年糕，待汤汁浓稠时即可出锅，撒上少许葱花即可。

萧山酥鱼

以前“杭二棉”那里有个做酥鱼的，据说能做出全萧山最好吃的酥鱼。兴冲冲赶去，看到的是一幅墙倒屋塌的拆迁场景。找人打听一番，谁也说不清做酥鱼的搬去哪里了。

酥鱼是用草鱼做的，先把鱼块用油炸酥，再用各种诸如姜、葱、酒、糖、味精、酱油调和好了，放入炸酥的鱼块一起炖煮。

说是一回事，做又是一回事。似乎说清了，似乎做成了，但味道却完全不是一回事。

做酥鱼的大姐，你究竟搬去哪了啊？连酒楼里的大厨也在怀念你做的酥鱼呢！

制作过程：

草鱼杀净，改刀成瓦片状，入油锅炸酥。锅内加生姜、葱、绍酒、糖、酱油、味精调味，把炸好的鱼块入锅内烧入味即可。

江南醉蟹

小暑节气，菜场里便见得到那一只只青黑色的蟹，个头不大，抓一只出来验下货，还有点嫩，不似九十月间那般硬。这便是“六月黄”，吃的就是那一种鲜嫩。自见到“六月黄”开始，人们舌尖上对蟹的渴望一天天积聚，单等那秋高气爽吃蟹旺季的到来。

蟹一般要清蒸着吃，也有人喜欢吃醉蟹。活的蟹拿来，清水里养着，待肚里的脏东西吐净，便可以醉了。有人一次醉五六只，有人一次醉五六斤，各有所爱。醉蟹手续不烦，就是选好一些的酒。江南盛产黄酒，用花雕元红醉着，两天后开盖，醇和的黄酒味道扑面而来。也有喜欢更刺激的，就用白酒、干辣椒，觉得更能杀菌，吃到肚里更有安全感。

制作过程：

河蟹洗净，装入酱油、糖、葱、姜、干红椒和白酒调成的调料中，泡制两天入味后即可。

第四章　钱塘江鲜

赭山、闻堰、义桥都是钱塘江边的小镇。这些小镇的早市都很热闹，食客们从各地赶来，只为买到刚从水里捕捞上来的江鲜。

要问钱塘江里有哪些江鲜，修于 1984 年的《萧山县志》在第 172 页处这样写道："本县钱塘江水域鱼类品种约有 115 种，分 29 科"，"鳗、鲻两种天然苗种产于钱塘江边咸淡水交界处，是本县得天独厚的资源"。除了鳗鱼、鲻鱼这两样特有水产，钱塘江还出产包头鱼、箬鳎鱼、鲈鱼、银鱼、鲚鱼、鲥鱼、白条、鱼钩等。2019 年，有人曾捕到一条野生黄鱼，约三四两重，卖了 400 元，船主直呼"贱卖"了，可见黄鱼是极少见的。

江鲈鱼过桥、盐烤鲚鱼干、葱烤江鳊鱼都是萧山人喜爱的美食。为了更多地尝到江鲜，人们上餐馆普遍喜欢点一盘"杂鱼"，上桌的盘子里，有鲫鱼、鲻鱼、白条、船丁鱼、江白虾、黄蚬、螃蟹等。不过，江边的人们最喜欢的还是清水白灼的鲈鱼，原汁原味，刺少味鲜，丰腴肥嫩。

虾油蒸白条

白条是一种常见的鱼类，钱塘江江面宽阔饵料丰富，故钱塘江白条体型较大，可以一鱼多吃。清蒸白条、干菜蒸白条，都是寻常做法，虾油蒸白条也备受人青睐。虾油色泽黄亮，汁液浓稠，醇香扑鼻，不带半点鱼腥味，是一种堪比酱油的调料，民间有虾油鸡、虾油肉，都是在提炼好的虾油里面浸入鸡、鸭、肉类，不唯滋味独特，更因其保存时间长而备受青睐。虾油蒸白条，在处理好的白条鱼上，倒上虾油、绍酒、姜片，上笼蒸 8—10 分钟即可开食。

白条还可以晒成鱼干，一般是冬天晒成，放冰箱里不使走油，来年春夏拿出来，简单蒸一蒸，下酒过饭，都是不可多得的珍品。

制作过程：

1. 将白条宰杀去鳞、鳃、内脏，洗净后在背上剞上几刀，用盐、绍酒、姜丝略腌待用。
2. 鱼放入盘中，加入虾油、姜片、葱结上笼蒸 8 至 10 分钟至熟，取出姜片，葱结，用沸油淋亮油，上撒青红椒丝即可。

制作过程:

1. 将鳊鱼宰杀去鳞、鳃及内脏，在背部剞上几刀，用绍酒、盐、姜片先腌渍 10 分钟，使其肉质结实。

2. 炒锅置火上烧热下猪油，下入鱼煎成两面略黄，烹入葱、绍酒、姜片、酱油、糖，浇开水后置入小火焖烧至熟。

3. 取出装盘，把锅内的小葱码在鱼上即可。

葱烤江鳊鱼

“烤”，左形右声，字典上说是“将物体挨近火使熟或者干燥”，似乎是没有炊具时的迫不得已。

事实也确是这样。

在中国，饮食烹饪经历了四个发展阶段，即火烹、石烹、水烹、油烹。烧烤始于最早的火烹，原始人把猎物用火烧熟后食用，是最古老的烹饪方法。

据记载，烧烤食品曾经是中国商周时期的主要食物。到了秦汉时期，烧烤之风仍盛行。据《西京杂记》记载，汉高祖刘邦即位以后，常以烧烤鹿肝牛肚下酒。天子尚且如此，何况天下百姓。到了隋朝，社会进步带来了饮食文化的发展。但在众多的烹饪方法中，烧烤食品依然占据有重要的位置。那时的烧烤，已经对用火用料等方面有比较详细的要求。宋代，烹饪方法更加繁多，烧烤食品也更为精练多样，《梦粱录》中记载的烧烤食品多达10余种，这也是古代烧烤的鼎盛时期。元朝，羊类烧烤是皇室的珍味。明清时期，烧烤食品更加普及，史料记载，清代康熙二十五年（1686）北京大街上就有小贩，沿街叫卖烤肉。在《红楼梦》里曹雪芹也曾经写到大观园里烧烤鹿肉的场景：在一个雪天，大观园里一群公子小姐，“学着乞儿样，也乌嘴乌眉啃起烤肉来”。当时，烧烤菜也是各种宴请之事的要菜。

新疆是最懂“烤”法烹饪的地方，“新疆烤肉”“烤全羊”闻名各地。自烤箱进入家庭，烤乳猪不再是粤菜的专利，烤鸭、烤鸡、烤鱼也不再是酒店的擅长，寻常人家，想做一道葱烤江鳊鱼，只要有烤箱，简单着呢。如果没有烤箱，下锅油煎，也是一样的好滋味。

从茹毛饮血到钟鸣鼎食，炊具的发明与改进，既促使食物种类增多，更促进了饮食文化发展。

生活品质与生活水平总是成正比的。

双油汆黄蚬

蒸、炒、炖、煮，是日常生活中最常见常用的烹饪方法。

通常，周末有的是时间，为团聚在一起的家人做一顿饭，这几种花样基本都要用上。清蒸江鳗、菜蔀头煮河虾、炒三丝、党参炖鸡，对吃腻了食堂饭和外卖的人来说，这桌菜肯定会让他们齐声欢呼。菜篮子里还有一斤黄蚬，也是本地货色，问下大家喜欢怎么吃。

“水汆，方便又原味。”都是吃客。

清水落镬，入姜片、黄酒、葱段。火旺水滚，黄蚬落镬。盖盖。烧开即起锅装盘。

汆，是一种最简便快捷的烹饪方法，还能最大限度地保证食材的原味。汆，也是一种对食材要求更高的烹饪方法，必须是极新鲜的东西。

糖汆蛋，是萧山民间招待新女婿的唯一点心。丈母娘看女婿，顺不顺眼，就看给不给吃糖汆蛋。

4只鸡蛋黄黄白白卧在蓝边瓷碗里，上面盖一层厚厚的白糖。“来来来，点心吃一碗。”女主人脸上笑眯眯的。

恭喜小伙子，你的婚事已经成功一半啦。

制作过程：

1. 先对黄蚬进行清洗处理后待用，起油锅（少许油）加入生姜片先炝锅。

2. 加入高汤烧开后加入黄蚬，调入酱油、绍酒、味精烧至汤水开，浸 3 分钟，然后上淋猪油，撒上葱花即可。

制作过程:

1. 船丁鱼洗净切 3 厘米长的连刀段待用。

2. 培红菜切末，时笋切片。

3. 将炒锅置旺火上下油至四成热时，把船丁鱼下锅略煎再投入葱姜、笋片和培红菜，烹入绍酒、清汤大火烧开，改中火煮熟后调入盐、味精出锅即可。

培红菜烧船丁鱼

培红菜就是雪里红，又称雪里蕻。有位专门腌雪里红的萧山老师傅，他的制作方法如下：去根洗净，自然沥干。按照一层雪里红、一层盐的手法放入陶罐，注意装罐过程中要把雪里红向下压实。接下来就是熬制汤料，将大料、花椒、八角等调味料放入水中，小火温煮。熬制好的汤料，静置冷凉后，浇至陶罐内，完全漫过罐内的雪里红，然后将陶罐口密封严实，放在屋里的阴凉处，腌制上足足一个月。这样腌制出来的雪里红不仅鲜脆爽口，而且经久不坏。雪里红炒黄豆芽，加点肉沫，加点胡萝卜丝，口感爽脆，美味营养。

雪里红跟船丁鱼配在一起，味道更绝。

船丁鱼属江河小型鱼，头大尾小，身体呈方形长锥体，据说像早年木制渔船上的铁钉，叫“船丁子”，所以就叫了这个名。船丁鱼体小肉厚，吸入了雪里红的咸鲜，鱼肉变得紧致有弹性，鱼身上的蛋白质大量渗出，汤汁浓郁醇厚，鲜香醉人。

松茸煎虾饼

跟男婚女嫁相似，父母亲千里来相会的，生出来的孩子格外漂亮聪明，钱塘江里产的活虾与云南大山中的松茸合二为一，再加上香芹配色，那一种山珍与海味碰撞出来的火花，会瞬间燃爆我们的口腔，熨帖我们九曲十八弯的肠胃。

制作过程：

1. 取钱塘江现剥虾仁剁成虾泥。
2. 云南野生松茸切粒，香芹切末。
3. 取品锅 1 只，下虾泥、松茸粒，调入盐、绍酒、胡椒粉、味精搅拌上劲做成直径 5 厘米大小的圆形虾饼。
4. 起平底锅加入少许油待三成热时下虾饼，两面煎黄后下烧汁，旺火收汁即可。

浓情孝子鱼

义桥有个渔浦渡。

《渔浦崇孝二十》记载了这样一个故事：一对母子生活在渔船上，某年隆冬，母亲病重卧床，饥饿难耐，孝顺儿子破冰下水，抓得一条鱼儿。下刀宰杀之时，见鱼儿流出眼泪，似是在苦苦哀求。想想病重的母亲，再看看手下的鱼儿，打渔人左右为难。情急之下，他想出一个办法，把手下的鱼一剖两半，一个半边全是肉，一个半边留有鱼的全部内脏器官。渔民把半边鱼肉留下，另外半边放回江里，边放边说：你有五脏六腑，回到江里仍旧可活，还有半边，我借去救我娘的命，谢谢你。从此，钱塘江里多了一种宽如手掌的鱼，它只有半个脑袋一只眼睛，没有椎骨肋刺，透明得能看清五脏，更稀奇的是鱼身的一面只有一层薄薄的皮，另一面却是雪白的肉。这便是那条被放回江里的半边鱼化成的，人们叫他“孝子鱼”。

其实，它是有学名的，“箬鳎”就是此鱼的大名。

箬鳎鱼高钙，含不饱和脂肪，肉多刺少，与豆腐一起烧煮，味鲜不说，营养丰富，适合老人孩子，更适合病人。

制作过程：

1. 箬鳎鱼去鳞、去内脏洗净改刀。

2. 嫩豆腐切块焯水待用。

3. 锅中下入熟猪油，下葱段、姜片爆香，再放入箬鳎鱼用小火略煎，放入绍酒、豆腐块，倒热开水至淹没鱼身，加锅盖用中火煮至鱼熟汤汁浓白，加盐、鸡精、胡椒粉调味出锅，用葱丝点缀即可。

江鲈鱼过桥

服务生端上来一个满满的拼盘，里面有排得紧密的鱼肉，切成一牙一牙，洁白的鱼肉与嫩笋、菜芯、小黄瓜、鸡毛菜、柠檬、橙子放在一起，养眼养心。这众多食材下面，是冒着阵阵冷气的食用冰。

当然不是冷食。

同时上来的，还有一个火锅，火锅里的高汤冒着腾腾热气，咕嘟嘟作响。

江鲈鱼过桥，最新鲜最美味的原生态滋味。

所谓的“过桥”，只要吃过云南的“过桥米线”，就能明白个八九不离十：餐厅给出的是半成品，吃到嘴里，还需要顾客自己动手完成最后一道程序：把拼盘里的江鲈鱼及其余放进火锅。

这也是一种互动，让食客在主动与被动之间，体会到自己完成一道美食的乐趣。

制作过程：

1. 将江鲈鱼洗杀干净，去骨取肉切片备用。

2. 取食用冰打碎做冰盘，将生鱼片均匀地摆在冰盘上，头尾鱼骨做造型。

3. 将水冬菜、冬笋片放入清汤中，加入调料烧，鱼片涮锅即食，走菜时跟上时令蔬菜拼盘一个即可。

银鱼芙蓉蛋

冰箱里一直藏有一包银鱼干，长短如牙签，白花花的亮眼。是太湖那边朋友送的。太湖有三白，其中一白就是银鱼。朋友不知道，钱塘江里产的银鱼并不比太湖的差。

银鱼很小，细细长长，所以民间称为“银鱼丝”。丝，是一种比喻，凡小而细长的物品，都可统称为丝。把番薯刨成细小的条状，叫番薯丝，把萝卜切成细小的条状，叫萝卜丝，另外如豆腐干丝、榨菜丝，或者说肉丝，都是同样道理。

银鱼“养胃阴，和经脉”，是高钙质、高蛋白、低脂肪的保健佳品。

银鱼炒青椒：干银鱼温水泡发后沥干，与青椒等共炒。色泽亮丽，一青二白。

银鱼芙蓉蛋更是民间百姓喜欢的菜肴，做法简单，口感滑嫩，营养丰富，尤其适合老人和孩子。

制作过程:

1. 先将银鱼取头、内脏，用姜汁水、盐、绍酒腌渍 3 分钟去除腥味。

2. 蛋敲入碗，加盐、绍酒和水搅打均匀。

3. 银鱼排放入深盘内，倒入蛋液，上笼用中火蒸熟，撒上葱丝即成。

制作过程：

鲚鱼去内脏不去鳞，先用盐腌制，起油锅放入少量油，锅底放少许盐，再下鲚鱼用小火煎至表皮两面金黄，撒上姜丝、葱花即可。

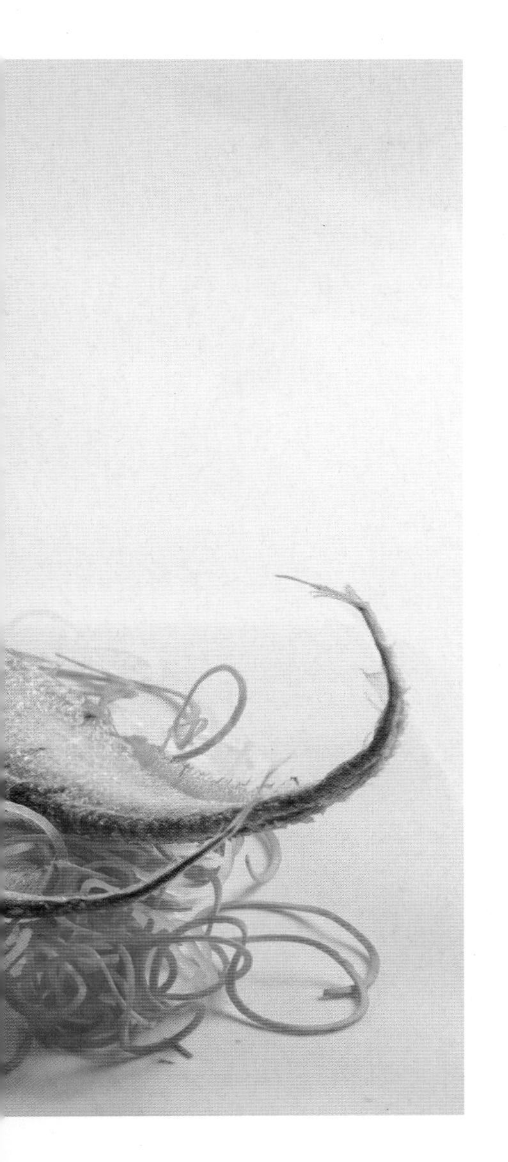

盐烤鲚鱼

鲚鱼就是刀鱼。

长江刀鱼说是要 8000 块一斤，真是“价不惊人死不休”。

钱塘江刀鱼，刚出水的，二三百块一斤，还要起个大早去候着才能买到，这倒是真的。

这样昂贵的食材，不请个大厨好好料理着，也轻率地一烤了之？盐烤鲚鱼，感觉上是暴殄天物，是一种糟蹋。

其实是你想多了。

盐烤鲚鱼，连鱼骨头与鱼鳞片都被你嚼得嘎嘣脆，其滋味之好，只看那只空空如也的盘子就知道啦。

第五章　山里美味

萧山南部属于低山丘陵地貌，间有小块河谷平地。船坞山耸立在萧山、富阳交界处，因山形如船，故名之，其主峰海拔 744 米，为本区最高峰。生活在这里的人们，性格豪放开朗，做事痛快爽利。他们靠山吃山，春天挖笋采茶，秋来掘薯摘栗，香茹木耳金针菜，山上还有成片的毛竹和木材可供取用。山，是他们取之不尽，用之不竭的宝库。他们尽显山里人的个性，大碗喝酒，大块吃肉，大声说话，大步走路。红烧肉、大豆腐、炒什锦，搬到餐桌上的碗盘都比别处的大许多。连临走时送给客人的伴手礼，也是大袋的“稻花香”米和大桶的“福临门”油。每年的农历六月初一，在楼塔镇的一些村里，还有红红火火的“半年节”，热闹得跟过年一样，挂红灯笼，吃大圆桌，桌上碗盘罗列，荤素杂陈，人们开怀畅饮，欢声笑语响彻夜空。

义桥羊肉

羊肉是北方的宠儿。羊肉地位之高，超乎你的想象。“苏文熟，吃羊肉，苏文生，吃菜藿”，谚语在称赞苏东坡文章的同时，也连带把羊肉的地位点了出来。

羊肉汤馆在北方很常见，各种吃羊肉的方法在北方很齐全。比如羊肚羹，《窦娥冤》里也写到了，说蔡婆婆要喝羊肚汤，窦娥端上来，张驴儿一喝，觉得没味，对窦娥说道：这里面少些盐醋，你去取来。窦娥去取调料，边取边唱：“你说少盐欠醋无滋味，加料添椒才脆美。”这说明，羊肚羹做的时候是清汤熬煮，吃时才加佐料的，要的就是羊肉的那股子膻味。

南方人不习惯那股子膻味，吃羊肉时必得与萝卜同炖，认为能吸取膻味。清朝大才子、大吃货袁枚发掘古法，用钻了孔的核桃与羊肉同煮，认为核桃吸膻的效果比萝卜好许多。

萧山吃羊肉的好地方在义桥。义桥羊肉从清朝同治年间，传到今天已经是第五代了。义桥地处钱塘江、富春江、浦阳江汇流处的“三江口”，那里帆樯林立，商贾云集。清末，有朱姓、王姓两家落户义桥，专烧羊肉，全套技艺代代相传。相传朱姓人家以宰羊、煮肉为生，收下徒弟姓王，徒弟不小心把石磨砸在煮好的羊肉上，掏出来发觉羊肉味道更美，师徒俩受此启发，创制出了以拆骨、填压和老汤烹煮为特色的义桥羊肉。

义桥羊肉不带一丝膻味。

义桥羊肉已经传了五代。

萧山人说起义桥羊肉，总是那么自豪。

虾油拼盘

老一辈人做菜做饭全靠目测手估，像中医一样望闻问切。一道菜，从食材的重量，到烧煮的时间，到加水加盐的数量，基本都是毛估估，差不多就行，甚至于更为夸张：生变熟就行。在他们的时代，吃饱是王道，至于吃得好不好，那根本就是个天方夜谭式的命题。

现代家庭的厨房有点像学校里的化学实验室，瓶瓶罐罐琳琅满目，各种容器各种量杯五花八门。做菜成了一件极为精细的实验活动。譬如做一个虾油拼盘，先是提炼虾油，下一个美食 App，看下教材：鱼露 1 斤，黄酒 1 斤，去油鸡汤 1 斤，花椒 1 匙，用大火煮沸，盛容器中冷却。才刚完成“前道工序”，灶台上已经摊满了盆罐碗盘。

哎哟哟，厨一代厨二代看到了，笑都笑死：有这样做饭做菜的？！来来来，看我的，不就一个虾油拼盘嘛！猪腰、猪心、猪肝、猪肚、猪耳朵、鸡爪、鹅掌、鸭脖子，直接装一盘就行。拼盘嘛，讲的就是一个“拼”。

厨三代很郁闷：除了盘子满，这道菜的颜值在哪里？没有颜值，怎么可能有食欲？又不是“拼多多”，哪有这样拼的？

精致，是吃饭的前提。小伙伴们吃饭，第一要素是菜品养眼，然后才是养胃。譬如这道虾油拼盘，他们只要两样食材——金黄色的蛋饺和褐色的猪肝，把它们装在洁白的骨瓷碟子里，上面撒青葱和枸杞。

代沟无处不在啊！

制作过程：

蛋卷、猪肝汆水煮熟，放入鸡汤和鱼露中浸入味，改刀成形即可。

白鲞烧肉

海咸河淡，要说入味，海货自带咸鲜味，深得沿海民众喜爱。白鲞烧肉，钱塘江边沙地人家口口相传，百吃不厌。老辈人说最好的白鲞是台州产的，叫台鲞，沙地人日日田头用力，对白鲞倒没有这种讲究，供销社供应什么就买什么。

选大片白鲞在水里浸泡，去鳞，切块；五花肉红白相间，三层以上，入油锅炒香煸透，然后入锅炖煮。七分熟时，加入白鲞，并头道鲜酱油，小火再炖10分钟，大火收汁。入口软糯，肥而不腻，咸鲜醉人。

从前，“鲞冻肉”是过年时的下饭菜。鲞和肉烧好之后，盛到钵头里，上面盖个盖子，靠天时来保鲜。腊月二十八做好后，放到年后正月十五，也不会变味。若是天不作美，是个暖冬，那这一钵头“当家下饭”就要经常回锅保鲜。现在有冰箱，“鲞冻肉”随做随吃。

“鲞冻肉”是萧绍平原老百姓最常吃的菜。

制作过程：

1. 白鲞、五花肉洗净切块，分别炒香煸透待用。
2. 锅中放入肉、调料烧制 30 分钟，加入白鲞一起烧制 10 分钟收汁即可。

油豆腐嵌肉

随着电视剧《长安十二时辰》的热播，唐代杭州刺史李泌“修六井”的事迹也重新被提了出来。李泌被杭州人民亲切地称呼为“老市长”。像李泌这样的“老市长”，杭州至少还有三四个，譬如白居易、杨孟瑛，而苏东坡最得杭州人民喜爱。

苏东坡“上可陪玉皇大帝，下可陪卑田院乞儿”，雅到极致，俗到极致，最得老百姓喜爱。在文化界，他是最伟大的文学家之一；在餐饮界，他是最牛的美食家，也是最伟大的发明家，没有人比得上。他用小火煨出一碗“黄州好猪肉”；他赞美长江的鱼和山上的笋；他在屋子东边的坡地上，种出一种叫“菘”的植物，其实就是大白菜。“我与何曾同一饱，不知何苦食鸡豚”，他是个素食主义者，不解别人怎么老是吃鸡吃肉的。

苏东坡给杭州留下了一条苏堤和万千精神财富，给普通老百姓留下了美味的东坡肉、东坡肘子和东坡腐。

东坡肉吃过，软糯香甜；东坡肘子吃过，红亮醇香。

东坡腐是个啥？莫非是苏东坡做的豆腐？非也非也，东坡腐就是油豆腐嵌肉，把夹心肉切成细丁，里面搀入笋丁、开洋、香菇丁、青葱，拌入绍酒、酱油、味精，然后把它塞入油豆腐内，想吃的时候，入蒸笼蒸 15 分钟就行。

萧山人都说这道菜是苏东坡发明的，信不信由你。

制作过程：

1. 肉末加笋干、香菇丁等，加绍酒、盐、味精拌匀待用。
2. 油豆腐切一小口，把拌好的肉塞入油豆腐内。
3. 锅置旺火上加清鸡汤下油豆腐至熟，调味装盘。

板栗烧仔排

中国是栗的原产地，历史悠久。《诗经》有云“山有嘉卉，侯栗侯梅”。诗句中的“栗”，就是板栗，萧山人叫作“栗子”。栗子在我国大江南北都有出产，萧山南片的所前、进化、楼塔、河上、戴村都有出产。中国人吃了几千年栗子，对栗子的功效有非常深入的认识，总结起来就是一句话：“栗为肾之果。”这是唐代大医家“药王”孙思邈说的，意思是栗子补肾效果非常好。

“老去自添腰腿病，山翁服栗旧传方。客来为说晨光晚，三咽徐收白玉浆。”苏辙没有哥哥苏轼出名，但这首写栗子治腰腿痛毛病的诗，成了食疗的经典，为“栗子”做了很好的广告。

每年秋冬季节，是板栗收获的时节，萧山人习惯拿它烧鸡、炖肉，调味连糖都不用放，只靠板栗的自然甜味，就可以提升肉菜的味道层次。平时烧饭，搁饭架上与番薯、南瓜同蒸，是孩子们喜欢的闲口果子。

板栗烧仔排，方便又好吃。猪排醇香，板栗粉糯。

制作过程：

1. 先将仔排肥膘取净，按骨切开再切成 5 厘米左右的段待用。

2. 栗子取肉清洗选用。

3. 炒锅置火上将仔排段用文火炒至金黄色放入栗子，加绍酒、生姜、白糖、酱油、适量水大火烧开，再用小火焖至成熟，再用旺火收汁至汤汁油亮浓稠出锅摆盘，撒上少许葱花即可。

农家猪手细炒

上酒店吃饭，点一只“农家猪手细炒”，很不错。以煲得酥软的鲜猪蹄为主料，切成细丝的冬笋、香菇、香干、白菜和嫩黄的韭黄炒好之后，盖在猪蹄上面。

同行的小朋友奇怪了，开始对话——

“猪有手吗？”声音里抑制不住好奇。

“没有的，谁不知道猪是四条腿啊。”是的，看到的猪都是四条腿的。

年龄大点，见的世面就是广一些。

“只有猪脚猪爪，哪来的猪手？”对话双方谁都好奇，只好把皮球重新踢到点菜人这里。

点菜人想了想，回答说：“很久很久以前，地球上没有人，只有动物。动物里有猿猴，从树上下来，慢慢开始用后肢走路，用前肢采摘，日子长了，这猿猴便变成了人，前肢变成了手，后肢变成了脚。这猪呢，一直靠四肢行走，所以啊，猪的四肢里，有两只是——”点菜人话没说完，俩小朋友异口同声接了个“手”字。

“原来猪手就是脚爪啊！”大一点的恍然大悟。

小一点的不知在想什么，过了好一会，他鼓起勇气，对大家说道：“我是我妈妈生出来的，不是猴变过来的。”

刚好细炒猪手上桌，人们来不及吃，全笑翻。

制作过程：

1. 新鲜猪手切成段，用沸水氽出血沫，洗净待用。
2. 冬笋、香菇、香干、白菜切丝，韭黄切段待用。
3. 砂锅置火上放入清水、花雕酒、鲜猪手旺火烧开，再用小火煲酥。
4. 捞出煲好的猪手装盘，锅子烧热倒少许色拉油，将切好的丝一起炒并调味，最后放入韭黄稍滚，将炒好的原料盖于猪手上即可。

制作过程：

1. 取猪头 1 只对半切开清洗干净，用少量花椒均匀擦一遍，腌 24 小时，腌出血水。
2. 起锅下酱油、绍酒、八角、桂皮、白糖煮出香味，待凉后下猪头，酱 48 小时捞起，在冬季日光下晒二至三天，挂在阴凉处晾干。
3. 起大锅把猪头放在大盘内上笼蒸至能折出大骨即可，切片上桌。

鸿运酱猪头

汉字是会意文字，绝大多数合体字都是会意而成的。譬如“休”字，本意是人靠在一棵树上，那当然就是休息的意思了；“男”字，是由一个“田”和一个“力”合成的，意即在田里劳动的人；“家”字，宝盖头的房子下面是个“豕”，“豕”就是猪，它告诉人们，一个完整的家，有人还不够，还得有猪。

猪，是农业社会一个重要符号。五谷丰登，六畜兴旺，似乎猪只占了其中一席之地。其实不然，猪的功劳大着呢！有句话叫“猪多，肥多；肥多，粮多”，猪还关乎五谷的收成。五谷丰登，老百姓日子就好过；五谷歉收，老百姓就要吃糠咽菜了。猪在某种程度上可以说是社会安定的一个砝码。

春天的时候养下一只小猪崽，到得年下，小猪崽长成 180 斤的大肥猪了。选一个好日子，拌一桶糠多水少的饲料，哗啦一下倒进槽里，猪开始吧嗒吧嗒吃个欢畅。在它吃食的当儿，邻村那个姓张的屠户已经磨好了尖刀。

猪身上里里外外都成了人们的口中食。猪头，那是最最重要的部位，得留着给菩萨上供，祈祷菩萨保佑四季平安、五谷丰登。上供完了，整个猪头腌了或者酱了，三五天后，晒在春天的太阳下，到农忙时节从梁上取下来，切一块蒸着，改善一家人的伙食。

咸肉腐皮包

莲花落《翠姐姐回娘家》里唱到萧绍一带过年，要办许多腊货：腊鸡、腊鸭、腊肚肠，糟鱼、糟肉、糟白鲞。农家在年下，会做酱货、盐货，这些酱的盐的，统称是“腊货”。咸肉便是其中深受人们喜爱的一款腊货。一只猪腿，一方后腚，从盐堆里取出，晒在冬天的太阳下，上面结满了霜一般的“盐风头”，然后挂在厨房的横梁上。要吃的时候，切一块下来，与毛豆子、娃娃菜、春笋、冬瓜、鲜鱼、猪蹄等，组成一道道诸如咸肉蒸毛豆子、咸肉蒸春笋、咸肉蒸鲫鱼这样的菜肴，四季长宜。

盐为百味之祖，咸肉在某种程度上等同于盐，而且比盐多出一种肉的醇香来。所以，要与咸肉搭配的菜，一般都是新鲜当季的，无论蔬菜还是水产，一沾上咸肉，不用另外加盐加酱，口感特别鲜香。

咸肉冬瓜，消暑利湿，是大众餐桌上必备的菜品之一。

咸肉腐皮包，看字面只是两种原料，其实腐皮里面还有乾坤，包着鲜肉，因此这道菜的滋味只有你吃了才明白什么叫层次分明、丰富多彩。

制作过程：

1. 夹心肉剁成馅、春笋切成末加入调料拌匀备用。
2. 用豆腐皮包入馅料卷成腐皮卷。
3. 将豆腐卷均匀放入盘中，加入切好的咸肉片、调料，放入少许水，上笼蒸制 15 分钟即可。

干菜手剥笋

笋这种食材，以其外形优美口感鲜爽，通吃古今文人。古人苏轼和李渔，对笋的喜爱，可谓是无以复加。今人梁实秋，在《雅舍谈吃》中为“笋”作传，写道：“春笋不但细嫩清脆，而且样子也漂亮。细细长长的，洁白光润，没有一点瑕疵。春雨之后，竹笋骤发，水分充足，纤维特细。古人形容妇女手指之美常曰春笋。‘秋波浅浅银灯下，春笋纤纤玉镜前’。”

关于笋的吃法，李渔在《闲情偶记》里有全面介绍：“食笋之法多端，不能悉纪，请以两言概之，曰素宜白水，荤用肥猪”，“以之伴荤，则牛羊鸡鸭等物，皆非所宜，独宜于豕，又独宜于肥。肥非欲其腻也，肉之肥者能甘，甘味入笋，则不见其甘而但觉其鲜之至也”。一句话，要么白水煮笋，笋唱一出独角戏；要么肥肉配笋，铜锤花脸伴花旦，越加衬托出花旦的鲜嫩活泼。

干菜手剥笋，一出以笋为主角的戏。

五谷丰登

玉米、番薯、南瓜、芋头、栗子、花生、菱角、茨菇这类杂粮，以前是主食吃不饱时的补充。稻米、面食不够吃，番薯、南瓜当晏饭，经历过三年困难时期的人，肯定记忆犹新。

物质生活丰富的现代人，为追求生活质量，也喜欢吃杂粮。

把上述不同种类的杂粮放在笼屉里蒸熟，装在一只农家味浓郁的竹匾里端上来。看上去土得掉渣，其实时尚现代。这道正宗的农家菜品，纤维丰富，饱腹感强，人体所需的微量元素全部包含，深受爱美女士欢迎，更适合养生人群，尤其是“三高”人士。

口味上，它可咸可甜，随心所欲。

一句话，既吃出自然、泥土、植物的本味，又迎合大众绿色、环保、健康的理念。

制作过程：

1. 将所有原料洗净。

2. 玉米、番薯、山药切段待用。

3. 将所有原料上笼蒸熟装盘，上菜时再配以糖、盐各一碟，蘸食即可。

第六章　名店新品

来萧山，除了逛湘湖看风景外，吃也是一种莫大的享受。萧山有中国餐饮业百强企业 1 家，国家五钻级酒店 7 家，中华餐饮名店 17 家。这众多的星级酒店，设施一流，服务贴心，在菜品研究上，既传承又创新，推出了一款又一款色香味俱全的特色菜，其中 178 款菜品在国家、省市比赛中获奖，不仅为游客提供了饮食的便利，更为大家送上不曾经历过的舌尖享受。本土的梅干菜配阿拉斯加的帝王蟹，前者企踵高攀不足，后者降贵纡尊有余，似是格格不入，但在大厨“乔太守乱点鸳鸯谱”般的操作下，“干菜白玉蟹”实在是至上的美味；几小时前还在云南山中的松茸，金马饭店的大厨用它来煎虾饼，山珍配海味，古人都要穿越而来啦。百花海参、菌菇鸡豆花、金网蟹粉球、养生佛跳墙……林林总总，不胜枚举。只要顾客想得出，没有大厨们做不到。

三色菊花鱼

哪有什么鱼？端上来的明明是一个好看到让人目不转睛的彩色拼盘，有圆如珠玉的，有长若指条的，有球形菊花状的。不只是形状不同，色彩更是灿烂，白的、橙的、绿的，“三色菊花鱼”的三色，齐了。菊花也有了，只不知鱼在哪里呢？

别急，鱼就在盘子里，还是一条三四斤的草鱼呢！只不过去头掐尾，连鱼骨头都剔净了，就用了鱼肉。一部分用来制鱼茸，一部分切成菊花状。颜色呢，就用菠菜和胡萝卜来帮忙了。鱼的白，菠菜的绿，胡萝卜的橙，三色妥妥的齐了。

好看又好吃的菜，需要创意、需要巧思、需要时间。也只有在湘湖边考究的酒家，才能吃到这样见不到鱼的“三色菊花鱼”啊！

制作过程：

1. 草鱼宰杀洗净，取两爿净肉，一半制成鱼茸待用，一半切成菊花状待用。

2. 菠菜洗净氽水制成菠菜汁，取三分之一的鱼茸放入菠菜汁制成绿色的鱼茸；胡萝卜洗净制成胡萝卜汁也取三分之一鱼茸制成黄色鱼茸；三分之一本色鱼茸。将每色鱼茸分别做

成鱼圆、鱼青丸及鱼糕，取三只小盘，在盘上堆成三色鱼圆、三色鱼青丸、三色鱼糕。
3. 菊花鱼块用绍酒、盐、味精浸渍，拍上生粉炸成菊花状放入篮中，其上点缀番茄沙司，将装好的三盘三色鱼放在下方即可。

制作过程：

梅干菜炒香后加糖蒸透待用，蟹整个取肉，不破坏蟹的形状。蟹肉加入蒜茸、鸡精、盐拌匀后，一层蟹肉一层干菜堆成宝塔型上笼蒸透即可。

干菜白玉蟹

一只来自北美阿拉斯加的帝王蟹，漂洋过海来到中国，专为与钱塘江边沙地产的梅干菜组成一个“干菜白玉蟹”家庭。这是一种什么精神？除了奉献，再也找不出第二个词语。

一方高攀，一方屈尊，于现实婚姻看上去似乎不太和谐，但只要双方情愿，互相体贴，“干菜白玉蟹”也是一道独特的风景。

这道不中不西、又土又洋的“干菜白玉蟹”，凝聚着大厨的神奇创意，体现出一种少有的“越民族越世界”意识。

音乐无国界，美食也无国界。

脆皮鸭卷牛肉饼

是用脆皮鸭卷着牛肉饼吃吗？好像不是。看面前的菜品，一只大大的白玉盘中，一边装着切成三四厘米的椭圆形烤鸭，一边装着牛里脊肉抟成的圆饼，也有三四厘米直径。同样大小的两种食材，怎么卷？卷不了。

想起一桩公案，由断句不同引起。

“民可使由之不可使知之”，10个字，不同的句读引起截然不同的意思。现在流行的一种句读是这样的：“民可使由之，不可使知之。”翻译后的意思是：“可以使唤老百姓，不可以让老百姓受教育。”嗨嗨嗨，这是谁说的啊，反动透顶！啥，孔子说的？不信，孔圣人是教育家，不可能说出这种勿吃饭的话来。断句断错了，应该这样：“民可，使由之；不可，使知之。”孔夫子说：“老百姓懂的，就让他们去做；老百姓不懂的，要让他们学习知道。”

点菜就点菜，说这个干嘛呢？因为这道脆皮鸭卷牛肉饼，也容易断句不清。问题出在那个“卷”字上，以为是拿脆皮鸭卷着牛肉饼一起吃的，其实呢，脆皮鸭卷，牛肉饼，各管各，可以先吃鸭卷，也可以先吃牛肉饼，各有各的味道。当然，你要脆皮鸭与牛肉饼一口吃，也行，只要嘴够大，但得分两步入口。

制作过程：

1. 将烤鸭烤脆，取内径 4 厘米左右的椭圆形，盖在薯片上。

2. 牛里脊切末，打上劲，加入调料和油膘末、芹菜末，再做成直径 4 厘米的圆形。用平底锅煎成两面金黄装盘即可。

养生佛跳墙

“坛启荤香飘四邻，佛闻弃禅跳墙来。”这是描写福州名菜“佛跳墙”的两句诗。

“佛跳墙”这道菜的得名，据说有以下 3 个来历。

一说：唐朝高僧玄荃，前往南少林途中，夜宿福州旅店，正好隔墙贵官家以“满坛香”宴奉宾客。玄荃嗅之，垂涎三尺，顿弃佛门多年修行，跳墙而入，一享“满坛香”。

二说：清朝同治末年，福州一位官员宴请布政使周莲，官员有位绍兴籍夫人，亲自下厨做了一道名叫“福寿全”的菜，内有鸡、鸭、肉和几种海产，一并放在盛绍兴酒的酒坛内煨制而成。周莲吃后赞不绝口，遂命衙厨郑春发仿制。郑春发登门求教，并在用料上加以改革，多用海鲜，少用肉类，使菜越发荤香可口。因福州话“福寿全”与“佛跳墙”的发音相似，久而久之，“福寿全”就被叫成了“佛跳墙”。

三说：据费孝通先生考证，发明此菜者乃一帮要饭的乞丐。这些乞丐拎着破瓦罐，每天到处要饭，把饭铺里各种残羹剩饭全放在一起。某天，一位饭铺老板突然闻到街头飘来一缕奇香，循香而至，原是破瓦罐中剩酒剩菜受热而成。这位老板受此启发，将各种原料杂烩于一锅，配之以酒，创造了佛跳墙。

真正的佛跳墙通常是把鲍鱼、海参、鱼唇、牦牛皮胶、杏鲍菇、蹄筋、花菇、墨鱼、瑶柱、鹌鹑蛋等汇聚到一起，加入高汤和绍兴酒，文火煨制而成。

每一种食材均为高端，单独一例即成美味，况诸强毕集于一坛。据说佛跳墙里那一道汤，全是天然胶原蛋白，抹在手上都能直接被皮肤吸收。这样的菜，普通人怎么吃得起？当然，开不起法拉利、玛莎拉蒂的，可以开吉利、开五菱荣光，同样，吃不起正宗的佛跳墙，可以吃仿生佛跳墙，还更加养生呢。

不用一点荤腥，全是素的，以各种菌类为主，竹荪、黄耳、枸杞、杏鲍菇、松茸、水发白木耳，全是素食中的顶级食材，互为渗透，吃起来软嫩柔润，味中有味。

荤菜素做，历来是中餐厨师的拿手好戏。

制作过程：

1. 松茸菌清洗干净切片，杏鲍菇先用油炸，汆水去涩味，用高汤先煨至入味后切丝成“象形鱼翅”。竹荪水发清洗干净，黄耳清洗干净切小件，水发白木耳切片状。

2. 起锅加顶汤 150 克煮沸后下黄耳、白木耳、杏鲍菇、竹荪、松茸菌，调味打芡装盘即可。

黄花菜焖鸭

香港有选“港姐”的传统，如果蔬菜界要选“菜姐”，则非黄花菜莫属。黄花菜最得古代文人喜爱，他们叫它“萱草”，叫它“忘忧”，叫它“宜男”，这些名字听着就高贵无比。白居易有诗云“杜康能散闷，萱草解忘忧”，把萱草与酒并列在一起，当作“忧愁”的两种解药。萱草或者忘忧草，是文人的叫法，咱老百姓只叫它黄花菜或者金针菜，药食同源，能消烦恼解忧愁。

鸭肉是所有肉类中最适合夏天食用的，因其肉性温凉，具有补阴虚的作用。在炖烂的鸭子身上，盖上一撮发好的黄花菜，猛火收汁。

黄花菜焖鸭，有愁解愁，见喜添喜。

制作过程：

1. 将鸭宰杀，褪净毛，取内脏洗净，在沸水中煮 3 分钟去掉血沫，敲断梢骨用清水洗净待用。
2. 黄花菜涨发摘除老梗洗净待用。
3. 取大砂锅一只，用竹箅子垫底，放入葱结、姜块、绍酒、白糖、酱油及清水，再把鸭背朝上放入锅中，盖上锅盖在旺火上烧沸后改成小火焖 120 分钟至鸭酥烂，再放入黄花菜用大火烧至汁水稠浓，放入味精，撒上葱丝即可。

菌菇鸡豆花

这是一道用鸡做成的菜，这是一道看不出鸡的菜。

一只萧山土鸡，少不得有二三斤，把它的肉打成泥或者茸，再用网筛沥去杂质，放冰箱半小时后再进行加工，加工后还要再加工。做成这样一道菜，前前后后，花费时间少说 2 小时。

这道菜让人想起《红楼梦》里的“茄鲞”。

“茄鲞”是《红楼梦》里常常被谈到的一道菜肴。把新摘的茄子刨了外头的皮，把里头的净肉切成丁。茄子丁先用鸡油炸过，再加上鸡脯肉、香菌、新笋、蘑菇、五香豆腐干，都切成丁，用鸡汤煨干，再用香油一收，再加糟油一拌，放在瓷坛子里，封严了。要吃的时候拿出来，用炒的鸡瓜一拌就好了。

刘姥姥吃完之后便开始怀疑人生了。她说：“别哄我了，茄子跑出这样的味儿来了，我们也不用种粮食，只种茄子了！”

茄鲞里面没有茄味，但是，这道菌菇鸡豆花，你绝对吃得出鸡肉的味儿来。

制作过程：

1. 鸡肉用电磨机打茸，鸡肉打茸后用网筛沥去杂质后加入盐、味精打起劲，再加入蛋清、鹰栗粉拌匀，放冰箱半小时，拿出加水（1：1）倒入球型模具中在热水中慢慢小火凝固待用。

2. 取鸡汤调味，加入盘中，将豆花球菌菇放入鸡汤中即可。

百花海参

海参，是一种四季皆宜的滋补上品，因补益作用类似人参而得名海参，营养丰富，功效众多。山东人最会吃海参，毕竟这是鲁菜中最大腕的食材。各地做海参的方法各有擅长，这道百花海参就是萧山大厨的作品。

海参发好待用，鱼茸制成鱼圆，鱼圆上点缀用黄瓜丝仿制的树叶，和火腿片仿制的花朵，是为百花海参。

海参可以用来爆炒和炖汤，炖汤相对于爆炒会更有营养。鲁菜中的“葱烧海参”还是国宴御品呢！

甘为孺子牛

“横眉冷对千夫指，俯首甘为孺子牛。”鲁迅先生这一名句写的是一种精神，一种对强权抗争对人民热爱的精神，也成为后人对他一生的评价。

这道菜，把这一名联的后半句以菜肴的形式呈现了出来。把一只大萝卜雕刻成一头白水牛形状，跟一组鲍鱼同时安放在盘中，再辅以西兰花和冬瓜茸，用鸡汤吊味，然后端上桌。

此菜以形赋意，雕功精湛。

制作过程：

1. 将萝卜雕刻成牛的形状待用。

2. 取老鸡、仔排吊汤将萝卜浸泡酥后，将萝卜、西兰花、大连鲍汆水，放入盛器内摆放造型，

鸡汤加冬瓜茸勾芡淋在萝卜、鲍鱼上即可。

制作过程：

把加拿大龙虾和珍宝蟹去壳，肉切片，码放在冰槽上，大连鲍、北极贝、牛仔骨、龙虾球、蟹仔包、海胆丸、香肠等点缀周围做刺身大拼即可。

龙宫献宝

“龙王果引导至海藏中间，忽见金光万道……悟空十分欢喜，拿出海藏看时，原来两头是两个金箍，中间乃一段乌铁，紧挨箍有镌成的一行字，唤做‘如意金箍棒’，重一万三千五百斤。”点菜时看到“龙宫献宝”这道菜，脑海里便浮现出《西游记》第三回里的情节。

老龙王献出的宝叫“如意金箍棒”，孙悟空十分喜欢。在他以后保护唐僧西天取经的路上，这宝贝也确实是屡立奇功。至于饭店里的这道菜，当然是海产水产了，并且必须是最为高档的海产水产，否则就够不上“宝”字了。大连的鲍鱼、北极的贝类、加拿大的龙虾、澳洲的珍宝蟹，除了这些主角，林林总总，还有海胆、蟹仔包、牛肋骨、香肠，剔壳取肉，极尽便捷之能事，又保持造型的优美生动。

尽管肉已吃尽，但看上去龙虾仍是整只的，珍宝蟹也仿佛还想爬回浩瀚的太平洋呢！

制作过程：

精选猪前蹄切块冲洗净，加入花菇、土鸡、大连鲍和调料慢火焖 120 分钟，至猪蹄酥糯时旺火收汁即可。

乾隆一品煲

一听再听的，肯定是好歌；

一读再读的，肯定是美文；

一吃再吃的，肯定是至味；

一品再品的，肯定是绝作。

古有“一品夫人”“一品官”，今有“乾隆一品煲”。

猪蹄、鲍鱼、鸡块、花菇，要颜值有颜值，要实力有实力。

一品煲，名不虚传，值得一品再品。

步步高升

考学、考公务员、看病、起屋、娶妻、生子，国人对每件事都郑重慎重，还未开始，就要讨好口彩。高考当日，许多考生妈妈都穿上定制的旗袍，美其名曰“旗开得胜”；“喜鹊叫，好事到；乌鸦噪，祸事来”，连鸟雀也受到这种心理的牵连。

如此背景之下，餐馆的菜当然要取一个吉利好听迎合大众的名字啰，比如“步步高升”。

端上来的“步步高升”，乍一看，似是一枝竹笋刚钻出黄泥土。仔细一瞧，发现泥土全是切碎的萝卜干，竹笋呢，是拿卤制后的五花肉，用极精致的刀功切成薄片，再手工制成春笋的形状。

从寸把长的笋，长成参天毛竹，竹子的一生真正是“步步高升”啊！

这道菜，内里蕴含着国人深层的文化意识，外形上也切合竹子的生长习性，是中餐文化的完美诠释。

制作过程：

用调料将五花肉卤制切薄片，做成笋状加萝卜干调味蒸制 60 分钟即可。

意

钱塘芙蓉菇

假如，菜谱上并列着两道菜，一道叫“羊肚鱼圆”，一道叫“钱塘芙蓉菇”，作为食客的你，点哪道？毫无疑问，点的一定是那道“钱塘芙蓉菇”，说不定脑海里还出现一个面如芙蓉柳如眉的美女形象呢！

白鲢一条，骨肉分离后，打肉成茸，制成蘑菇状。

羊肚当然不是羊的那个胃，而是羊肚菌，是一种菌菇。

重要的是萧山本地鸡制作的清鸡汤。

把鱼茸、蘑菇与羊肚菌一起放入清鸡汤炖盅炖。

听清楚了，这道菜不以食材命名为“羊肚鱼圆”，这道菜以意象命名为“钱塘芙蓉菇”。

杨颖是谁？ Angelababy 才是人们心目中的大明星。

起一个文艺范的名字太重要了。

制作过程：

1. 白鲢去皮去骨，将鱼肉制成鱼茸，加盐、姜汁水打发后，制成蘑菇状。
2. 萧山越鸡制作成清鸡汤待用。
3. 取羊肚菌、菜胆氽水成熟。
4. 将鸡汤、鱼茸、蘑菇放于炖盅内调味，蒸制 5 分钟即可。

蟹黄菊花球

看菜名就让人浮想联翩，又是螃蟹，又是菊花的，莫非是一道秋天的时令菜？

哪有，只是一道创意菜罢了，食材便是豆腐。

豆腐也是食界的爆款，自汉朝发明以来，现在已经遍及世界各地了。再看豆腐的吃法，多到你想破头也计算不过来。

拿豆腐做主角，配角为火腿、竹荪、小菜胆，跑龙套的则有干贝、虾茸、肉末之类。那让人生发联想的菊花球，便是用豆腐切成的。豆腐饼藏在下面，将菊花状的豆腐顶在“头”上，于是成就这一道“蟹黄菊花球”。

蟹黄菊花球，蟹只是蟹粉，菊花只是豆腐切成菊花状。

与时令无关，与蟹这种动物、菊花这种植物无关。

老婆饼里没有老婆，你懂的。

制作过程：

1. 内脂豆腐切成菊花状放入水中，火腿切菱形片，竹荪切断，菜心氽水待用。

2. 将豆腐、肉末、蟹粉、盐搅拌上劲，捏成圆饼状的豆腐饼，放入水中煮熟待用。

3. 取一小碗放入豆腐饼，倒入清鸡汤没过豆腐饼，再将菊花豆腐放在豆腐饼上，放上干贝撒上蟹粉入蒸箱，蒸制 5 分钟即可。

牛排焖鹅掌

牛排说得上是西餐的主力队员。三分熟牛排，内层为鲜肉色，一刀切开，有血渗出，心中忐忑：“妈哟，茹毛饮血。”五分熟牛排，由内到外，颜色层次为粉红、浅灰和综褐色，还是不敢下嘴。“七分熟”勉勉强强吃得下去。

适合中式胃的，还是这道牛排焖鹅掌。

广式菜肴里，禽类以鸡、鸭、鸽、鹧鸪为尊，偏偏鹅不上台面。但它的副产品——鹅掌，却能搭上鲍鱼、海参，成为如今高级粤菜食府里的硬菜。

鹅掌胶质丰富，口感软糯，但是骨头多，吃的时候得手口并用，找到鹅掌骨头和软骨的连接处，干脆利落咬断。味道绝对上乘，但吃相实在难看。

牛排焖鹅掌，喜欢肉食的人最爱这一种满嘴的肉味与肉香，所谓吃得满嘴流油，所谓吃得心满意足。因为焖煮的时间足够长，可以只用舌尖和牙齿在口腔里小打小闹，从而避免了吃相难看的尴尬。

制作过程：

牛排切2厘米，鹅掌处理干净一起氽水。高压锅上火加入高汤，入原料和配料，加入调料，上气压30分钟，挑出配料、原料入煲摆放整齐，汤汁大火收浓即可。

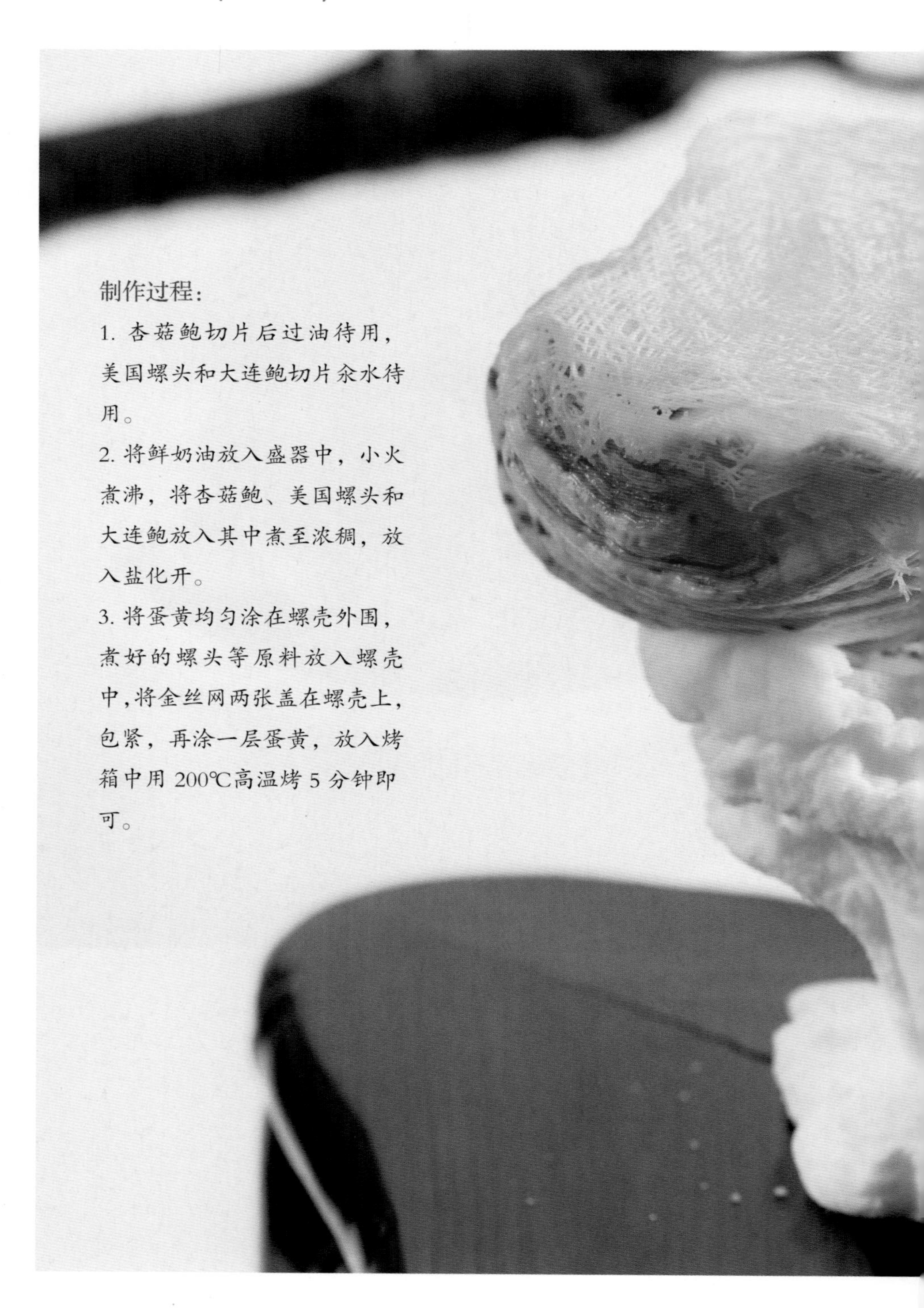

制作过程：

1. 杏菇鲍切片后过油待用，美国螺头和大连鲍切片汆水待用。

2. 将鲜奶油放入盛器中，小火煮沸，将杏菇鲍、美国螺头和大连鲍放入其中煮至浓稠，放入盐化开。

3. 将蛋黄均匀涂在螺壳外围，煮好的螺头等原料放入螺壳中，将金丝网两张盖在螺壳上，包紧，再涂一层蛋黄，放入烤箱中用 200℃高温烤 5 分钟即可。

奶汁脆皮螺

中餐用奶油调味的，似乎比较少。这道奶汁脆皮螺可算是中西合璧。美国螺头切片，大连鲍切片，杏鲍菇切片，该过油的过油，该汆水的汆水。一切准备就绪，主角隆重登场，鲜奶油小火煮沸，将3种食材依次放入其中，煮到浓郁黏稠。

许多步骤，只有创新者才会不厌其烦，才会亲力亲为。

而创造美食，满足味蕾的享受，实在是人生的一大乐趣。

老醋鸡爪

去超市选那些最大的鸡爪，放冷水里直接煮个五六分钟，注意别煮过头了，再浸泡在冷水里，来一个冰与火的碰撞。之后，就可以捞起沥干。待那一锅煮得香气四溢的卤冷却之后，把一只只肥大的鸡爪放进卤里面。四五个小时之后，神奇的时光魔法于不声不响之中，把原先白嫩的鸡爪变成了暗红色，咬一口，肉质紧实，滋味醇厚，有酱香，有醋酸，有酒味。

配上黄酒、白酒，哇塞，好酸爽！

制作过程：

1. 将水烧开加入八角、桂皮，冷却后，放入陈醋 、美味鲜、泰椒调好待用。
2. 将鸡爪放入冷水锅中烧开，烧制 5 分钟带出放入冷水中冲洗 5 分钟。
3. 将冲洗好的鸡爪倒入调好的汤汁中浸泡 5 小时以上即可食用。

丰 收

稻田堆金，棉田铺银，花生出土，芋栗登场。丰收，就是这一种动人的场景，这一种喜悦的心情。

翻菜单，看到“丰收”这道菜名，想当然地认为是各种瓜果薯类合成的杂粮拼盘。大错，此“丰收”非彼“丰收”。大厨手下的这道菜，选用材料可谓简单，但食材来源跨度较大，海中的目鱼、山里的香菇、平原的蒜苗，3种食材，全都隔山隔水。

把目鱼切成稻穗的形状，把香菇摆成泥土的形状，把蒜苗捋成麦秆的形状，在白色的瓷盘里拼出一株沉甸甸的水稻，惟妙惟肖。

原以为是一大盘粗糙黝黑的杂粮，哪料想端上来的，堪比织锦与刺绣，若是装裱一下，挂在庭园会所，保准让人驻足。

制作过程：

1. 将净目鱼用刀切成麦穗形，用精盐，湿淀粉上浆待用。
2. 香菇浸泡洗净取蒂卤成熟放入盘子下方，蒜苗氽水摆成麦秆。
3. 炒锅置火上烧热下油至3成热时下浆好的目鱼至成熟。
4. 另起锅放入少量油，下入油咖喱炒出香味，加少量水、盐、味精勾芡，下划好的目鱼翻拌出锅，摆成麦穗状即可。

制作过程：

1. 将猪大排去皮氽水，炒锅放水放入调料烧开，再放入猪大排用小火煲 1 小时至排骨酥烂。

2. 大排拍少许生粉，入热油锅至皮酥装盘。

3. 下锅煸香蒜蓉、姜末、腊八豆、红椒粒和葱花浇在猪排上即可。

将军跨湖桥

早二三百年，钱塘江潮水可直达北干山下，老百姓动不动就有“人或为鱼鳖”的可能。为保全生命与家园，各地民众除了日夜忧惧警惕，还建有多座神殿庙宇，祀奉那些治水的英雄或者神灵，希冀得到它们的护佑。镇海殿、镇龙殿、靖江殿，所在多多。香火最旺的，大约要数张神殿，受香火的神是北宋时期的张夏，老百姓尊称一声“张老相公”或者“老相公菩萨”。据说有一年钱塘江又大发淫威，张夏奉王命抗潮，途经湘湖，乡亲们自发为其壮行，酒席之间，一道造型奇特的菜引起了他的注意。此菜用料简单，就是猪身上的排骨，但造型夸张，大块排骨并不切断，只是横跨在盘子中间，恰似一座微型石拱桥。张夏抗潮成功，沿岸百姓铭记他的功绩，除了建庙造殿用香火供奉，这道“将军跨湖桥”流传至今，也算是另外一种纪念吧。

养生鲜豆皮

豆皮是豆腐皮的简称。

说到豆腐皮，富阳东梓关出的最有名，金黄色，薄薄的几张叠在一起，拿出来得小心，不然就碎了。

豆腐皮属于高蛋白食品，受潮容易霉变，所以，在吃之前得仔细看清楚。

想吃最新鲜的，可以自己做。养生鲜豆皮了解一下吧——

家用豆浆机磨好豆浆，做成豆皮，豆皮里面包自己喜欢吃的，就像包春卷一样，咸的、甜的、酸的、辣的，尽你所想。

最好的味道，当然是豆皮包上时鲜的果蔬，春天包蒿菜、荠菜，夏天包葫芦、豆芽，秋天包土豆泥、栗子泥，冬天没啥好包的，盐白菜炒肉末，包起来也一样好吃的。

制作过程：

1. 黄豆磨成浆，做成豆腐皮沥干待用。

2. 把蒿菜汆水捞出后切好用盐、味精、麻油凉拌好，把沥干的豆腐皮包入已拌好的蒿菜，包紧改刀后装盘即可。

养生鸽子盅

现代人越来越注重饮食健康，养生已经成为网上热门的话题。不过呢，许多人并不真正懂得养生，一半是海水一半是火焰的生活方式，让人哭笑不得——一边酗酒作死，一边养生惜命；一边熬夜自伤，一边保健续命；一边暴饮暴食，一边消食健胃；一边喝着可乐，一边嚼着钙片；一边啤酒泡枸杞子，一边雪碧加党参片；一边用最贵的护肤品，一边熬最长的夜；一边经期配红枣雪糕，一边破洞裤搭暖宝宝。

养生，说简单不简单，说复杂也不复杂，就是顺应天时。人本是天地自然中的一员，顺应四季而生活，随时令而调养身心。春生，夏长，秋收，冬藏，顺应季节物候饮食调养，是老祖宗教给我们最简单最有效的方法。热爱生活的人，从不忘记那些滋养众生成长的四季物产。即便生活繁重，回到家中，也会煮几道温暖又营养的家常菜，给自己和所爱的人补上满满的元气，美味、健康又舒心。生活的小确幸都会在这里遇见。

学做一道鸽子盅，简单美味又养生。

“一鸽胜九鸡”的老鸽，滋阴清热的石斛，“补气而不滞，养阴而不腻”的山药，这 3 种食材或者药材构成了养生鸽子盅的全部内容。

药食同源，大道至简。

制作过程：

1. 将老鸽宰杀褪毛取内脏，切成大块氽水去掉血沫待用。
2. 山药取皮切成段待用。
3. 取紫砂锅一只放入清鸡汤、绍酒、老鸽、鲜石斛蒸 120 分钟后放入山药。

再蒸 20 分钟，调味即可。

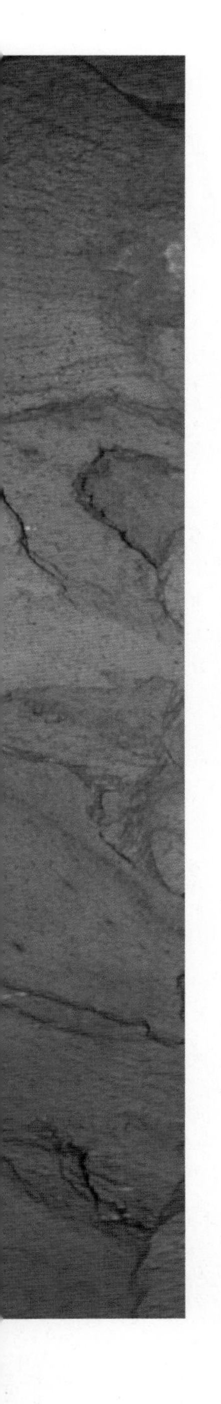

太极豆泥羹

“一阴一阳谓之道。”阴阳学说是古代劳动人民认识自然、利用自然、改造自然的理论工具，具有朴素的唯物论观点。阴阳合一，阴阳相对，阴阳互动。古人根据阴阳、动静的运动变化规律，在无极的空圈内画了一对动静旋转开合对称的黑白鱼，分别代表阴阳二气，黑者为阴仪，白者为阳仪。黑中含一白点代表阴中有阳，白中含一黑点代表阳中有阴，这就是相传至今的阴阳太极图。

太极豆泥羹用青豆泥和山药泥为食材，制成状似太极的“青白鱼”，青鱼眼中加山药泥当眼珠，白鱼眼中加青豆泥当眼珠。

形象生动，色泽鲜艳。

制作过程：

1. 先将豆瓣用沸水汆水放入冷水中冲凉，用电磨机打成泥。
2. 山药取皮先用盐水浸泡5分钟再用电磨机打成泥。
3. 炒锅置火上加入清汤待沸后倒入豆泥、盐、味精，勾薄芡浇亮油起锅装入深盘内。
4. 另起锅山药泥与豆泥做法相同，浇在豆泥上浇出太极图案即成。

石锅酥米饭

早四五十年前，萧山人吃麦粞饭、吃萝卜饭，餐桌上“瓜菜代”是常事，能吃到纯米饭的人家少之又少。早二三十年，白米饭一煮一大锅，一家人吃得和和美美，吃饱了，欢欢喜喜去乡镇企业上班。再早十几二十来年，煲仔饭从粤菜中流传过来，被大小餐馆广泛改良，成为年轻人的最爱。煲仔饭之后，又出现石锅酥米饭，食材更丰富，制作更精良，品相更佳。

饮食风气的改变与流行，最能反映一时一地的社会情状。

制作过程：

1. 将香米进行油炸，炸至金黄色。
2. 将海参、鲍鱼、豌豆氽水处理待用。
3. 将金瓜汁、高汤加调料调制成汤汁。
4. 石锅置火上烤热，加入炸好的香米再浇入调制好的汤汁上桌即可。

第七章　滋味小点

点心点心，点点心意。

萧山人颇有古风，待人接物注重面面俱到。有朋从远方来，先茶水后点心，一丝不差。茶不论红绿，一律是热气氤氲，互芬齿颊。至于点心，应节令而变，清明果、麦糊烧、豆板糕、绿豆莲子羹、乌豇豆烧老南瓜、糖煎年糕大肉粽，有什么吃什么，体现一种礼节，一种热情，一种周到。

以前有田要种，农人日出而作日入而息，三餐之间，家人必以两份点心相佐。上午十点之前，下午三点左右，童妇提篮携壶，穿梭于阡陌田垄之间。鸡蛋、番薯、南瓜、面条、麦格头都是补充体力的好东西，家里实在找不出别的东西，聊胜于无，一碗开水泡冷饭加上半块霉豆腐，也算是一道点心。

点心不饱，人情满满。

青饺

青色的饺子状食品。也有做成团子状的，叫青团。做成饼状的，叫青饼。一般都在清明时节登上餐桌，故又统称为“清明粿”。

主料都是糯米粉，里面的馅，有甜有咸。甜的不外豆沙、芝麻拌白糖，考究一点的，加入干桂花。咸的花样就多了，倒笃菜、肉丝、豆芽菜，用油炒好，裹在里面；春笋、韭菜、香干、肉丝，用油炒了裹在里面；榨菜、肉丝、茭白丝，用油炒了；咸菜、肉丝、萝卜丝，用油炒了，只要你想得出，都可以。

至于“青”，大都是田边地头的艾草，也叫艾蒿，菊科植物，闻着有一股芳香，叶可入药。也可用苎麻的嫩头来做，颜色比艾蒿做的饼更深一些，香味上要逊色一些。

制作过程：

1. 艾青用清水漂洗干净挤干切碎待用，糯米粉、粘米粉混合，用开水烫熟成团，加入艾青揉成艾青面团待用。

2. 将倒笃菜、肉末、时笋末、豆腐干丁入锅炒成馅，冷却待用。

3. 将艾青面团包入馅，捏成青饺生胚，入笼蒸熟即可。

象形南瓜饼

象形，是一种造字方法，“六书”之一。在文字发明之初，古人仿照鸟的形状写“鸟”字，仿照马的形状写“马”字，仿照树的形状写木字。这就是象形。

有一道点心叫“象形南瓜饼”，是仿照南瓜的形状做的饼。其步骤如下：把金色的老南瓜蒸熟后捣碎成泥，和入米粉中间，再灌入南瓜样模具中，蒸熟之后端上桌面。

白瓷盘中，那一个个微型小南瓜萌意十足，一下俘获大人小孩的心。

制作过程：

1. 将糯米粉、粘米粉、糖、蒸熟冷却的老南瓜茸、猪油，揉成老南瓜面团待用

2. 将老南瓜面团包入豆沙搓成圆球状，用挑棒压制成南瓜形状，用豆沙点缀老南瓜柄，生胚入笼蒸熟即成。

倒笃菜麦疙瘩

农历五月，菜园里的南瓜碧绿蕈嫩，屋里刚开甏的倒笃菜也咸香可人，正好新麦登场，农家主妇会用刚磨好的面粉做一碗“箸夹头”犒劳全家。

面粉加鸡蛋在碗里搅拌成厚厚的糊状，一旁的锅里，菜籽油受热，散发出浓郁的香味，倒入南瓜丝、倒笃菜翻炒，多加一点水，然后把面糊用筷子小块小块地拨入锅内，小煮片刻，待面糊变成淡黄色，一碗鲜美可口的“箸夹头”就做好了。吃到嘴里，满口都是田野的清新之气。

“箸夹头”是土话，城里人叫“面疙瘩”或者“麦格头”。

制作过程：

1. 将面粉、生粉加盐调和成厚实的面糊待用。

2. 大锅入水烧开，将面糊用汤匙或筷子拨入开水中，成麦疙瘩半成品。

3. 锅中放少许油，放入倒笃菜、南瓜片、冬笋片煸香，放入清鸡汤烧开，再放入麦疙瘩调味烧开，装入品锅即可。

制作过程:

1. 将豆瓣用开水冲洗干净，烫成半熟。

2. 将糯米粉、粘米粉混合，放入盐、半熟豆瓣，用开水烫成豆瓣面团，搓成 5 厘米直径左右长条，用刀切成 1 厘米 厚豆瓣糕，生胚入笼蒸熟即可。

红枣藕脯

这一碗点心里，红枣是外来货色，可能是新疆灰枣，可能是黄河滩枣，也可能是河南大枣，其余的藕段与荸荠，倒都是地道的本地货。“呆子掘荸荠”是这里一句妇孺皆知的俗语，可见荸荠种植的普遍。藕更是河湖池塘里的主角，夏日风荷，接天莲叶，都是外地游客照相机里的江南好风景。到得秋冬，残荷听雨之外，从湖底挖起来的藕，一节一节，如邻家小儿胖胖的小腿。电影里，哪吒剔骨还父、割肉还母之后，太乙真人借助莲藕为哪吒做了一个新的肉身。藕，绝对是人神共爱啊！

湘湖产藕，叫“西施藕”。相传西施前往吴国，正是鲜藕上市季节，百姓挖藕相送。路上，西施将藕节藕苗切下交给同行的范大夫，让他带回故乡越国。乡亲们不负西施姑娘的一片苦心，将藕节藕苗栽入湖中。从此，湘湖里的藕更加白嫩爽脆。

把红枣、藕段、荸荠和甘蔗做成一锅甜品，就是人们嘴里的“红枣藕脯”。“藕脯”谐音“有富”，一如年糕谐音“年高”，图个吉利，讨个彩头。

制作过程：

1. 先将藕节洗净去皮，切成大 4 厘米左右的块待用。
2. 荸荠洗净，红枣浸泡 2 小时待用。
3. 取深锅一只放清水，再放入藕块、荸荠、红枣，浇开，加红糖，置于小火上焖至藕酥再加糖出锅装碗即可。

制作过程：

1. 将糯米粉、烫熟的澄面、糖、猪油拌成面团。

2. 取面团包入豆沙馅，搓圆入笼蒸熟后滚上一层炒米粉即可。

麻　团

以前，麻团是乡人结婚必备的点心。三五个妇女，围着一只大竹匾，双手起落，把一大盆揉好的糯米面团搓成一个个团子。团子分两种，一种是青色的，叫青团，是加了艾草汁的，中间有豆沙馅和芝麻馅。一种是白色不加汁的，里面可以有馅，也可以没有馅，叫麻团。蒸好后，再在外面撒上炒米粉和白糖。

“新亲吃麻团，老亲打团团”是萧山当地人的一句老话。当新娘子和送亲的队伍还远在村口大樟树下，男方家里的厨房早就闹腾开了，无数麻团在锅里上下滚动，即将完成神圣而光荣的使命。而那些往日曾被尊为上宾的客人，今日只好自娱自乐，找人聊天喝茶了。

萧山粽子

要论如今哪里的粽子名气最大，必定非嘉兴莫属，尤其是五芳斋的品牌，更是享誉全国。

以前，粽子与年糕一道，是过年才能吃到的奢侈品。因为那个时代粮食紧缺，平时吃饭要用瓜菜代替，哪有余粮来做粽子、年糕呢？可年总是要过的，做几蒸年糕裹几串粽子，一来应个景，二来呢，家里的大人孩子解个馋。

萧山粽子以三角粽为主，糯米里面搀入乌豇豆、花生之类，蘸了白糖红糖吃。肉粽是后起之秀，是经济条件转好之后才开始有的，体型也比三角粽大，吃起来特别过瘾。

在物质丰富、物流发达的今天，选择“吃什么”已经成为当代人的一个难题。“年节”氛围越来越淡化，其中一个重要的原因，就是因为每一天都可以和以前的“年节”媲美。以前过年才吃粽子，现在每天都可以吃粽子，当然也可以每天都不吃。

不过，有一天是必须吃的，那就是端午节，那是对一种高风亮节的纪念。按照民间流俗的说法，端午吃粽子最初是为了祭祀战国时的屈原。

制作过程：

1. 将洗干净的五花肉切片，放入碗中加盐、料酒、生抽、老抽、蚝油，搅拌均匀备用。
2. 将两片煮好的粽叶卷成圆锥的形状，放一点糯米填满粽子的尖部，放入五花肉，再用糯米填平粽子的开口处。
3. 将上面的粽叶折下来，沿着粽子的棱角折叠粽叶，拿出一根绳子，缠绕在粽子上系好。
4. 锅中放入适量的水，放入粽子盖上锅盖煮一小时左右出锅即可。

萧山大肉包

包子，是北方人的叫法，这边的人都叫它馒头。小弄堂里有一家馒头店，供应豆沙馅的，叫“豆沙馒头”，八分钱一只；供应猪肉馅的，叫“鲜肉馒头”，一角二分一只。后来，街上出现了一钟叫“南方大包”的肉馒头，这可把人们的眼泪都吃出来了：怎么会有这么好吃的肉馒头啊！看，这肉，多大啊，这味，多鲜啊！这是 20 年前的事啦，现在南方大包早已销声匿迹无影无踪了。不过，这样好吃的馒头倒没有绝迹，“萧山大肉包”传承并发扬了它的优点，在原材料不变的情况下，研发出了一种更为保健、更适合现代人口味的馒头，在很多酒店都可享用到。酒足饭饱，顾客起身离开时，不忘招呼服务员：再来一份萧山大肉包，我要带回去。

制作过程：

1. 将夹心肉剁成肉末，放入调料制成肉馅。
2. 面粉制成发面，包入馅料成包子，放入蒸笼蒸熟即可。

制作过程：

1. 将萝卜干放点糖蒸熟切成末，加入油膘末成萝卜干馅心待用。

2. 将糯米粉、澄面、糖、猪油拌成糯米粉面团，包入萝卜干馅心，搓成圆球状入笼蒸熟，上面撒些黑芝麻待用。

3. 平底锅少许食用油入蒸好的萝卜干饼，煎成双面金黄色即可。

萝卜干煎软饼

废话少说，以口感为准。

比印度飞饼如何？印度飞饼太干了。

比永康肉麦饼如何？肉麦饼太油了。

比缙云烧饼如何？那烧饼太咸了。

你是说，这个萝卜干软饼不油不干不咸，口感非常到位？

正确！

萝卜干软饼，口味完爆各种“饼兄饼弟”。

制作过程：

1. 糯米粉、粘米粉按 3：2 比例合匀，加水拌成湿粉（以用手握紧糯米粉不松散为止）。

2. 用粉筛筛一下湿粉，将湿粉填入模具中，放入豆沙压实，倒出入笼蒸熟即可。

传统方糕

方糕是萧山独有的点心。

说到点心，和主食一样，南北方有很大的区别。北方人爱吃面食，南方人喜食米饭。北方的手擀面、黏豆包、玉米饼、锅贴……说上一天一夜也没个完，更有“饺子”这个食界霸主，大有席卷半个地球之势。南方水稻区，三餐米饭之外，做点心的食材也是米或米粉，前者如粽子，后者如年糕，此二者是大宗，既可做主食，又能当点心。纯粹做点心的，糯米粉是首选，还有升级版的水磨糯米粉，做汤圆、油糕、青团、荷花糕等等，也是一天一夜说不完的。南米北面，一方水土一方人。

萧山有一种点心叫方糕，做法是老辈手里传下来的。糯米粉、粘米粉按 3 ：2 比例合成，入模具后蒸熟，倒扣盘中即可入口

制作方便，口感软糯，米香浓郁。

制作过程：

1. 将糯米粉、烫熟的澄面加糖、猪油、水拌成糯米粉面团待用。

2. 平底锅放少许油，将糯米面团做成糖煎饼生胚入平底锅煎成整体金黄的饼待用。

3. 锅内放入少许水、糖、酱油熬成糖水，放入煎好的糖煎饼胚烧开收汁装盘后撒上桂花糖即可。

桂花糖煎饼

糖煎饼，其实是糖煎年糕的高仿。

年糕是家家户户都做的。每年的腊月二十左右，村子里几户人家合在一起，开始做年糕。这真是一个让人开心的日子，小孩子们围在一旁，看大人们做年糕，蒸的、搡的、揉的、摊的，每一个步骤都扣得紧紧的。年糕做好了，浸在瓮里面，想吃的时候，姆妈会伸手去捞几条出来。蘸白糖吃的蒸年糕很实惠，最耐饥；青菜煮年糕，放一笃猪油，吃好后碗里不剩一点汤汁。最想吃的当然是糖煎年糕啦，先起油锅，再落年糕，油要多些，否则年糕要粘锅底，翻炒一阵，加水，加多多的糖，再加几滴酱油上色。香煞人，馋煞人。

年糕总有吃完的时候。没有年糕的时候想吃糖煎年糕，怎么办？哈，用糯米粉做成的糖煎饼来代替啊！

后 记

机缘巧合，得以写成《寻味萧山》一书，深感荣幸。

我是土生土长的萧山人，因工作关系，对萧山的风土人情比一般人多一些了解，但也仅止于此。自拿到本书的提纲之后，我发现萧山还有许许多多我不知道或者不甚知道的地方，无论是文化历史方面还是社会经济方面，都值得我深入了解。“那就以此书为契机，先从饮食文化入手吧。”我在心里对自己说。

萧山的饮食文化源远流长，一直可追溯到8000年前的跨湖桥人时代。随着历史脚步前行，地处吴头越角的萧山因地理位置优越，餐饮业与商贸业相辅相成，发展迅速。萧山地貌大致可分三块，南部属于低山丘陵区，中部为平原水网区，北部和东部是沙土平原，简称“沙地”。生活在这三大区块的人们，血管中奔流着萧山人特有的弄潮儿精神，奔竞不息，勇立潮头，至于具体的生活方式，却各有特点，参差不一。南片民风豪放大气，大碗喝酒，大块吃肉，日子过得风生水起；中片群众性格平和，机智灵活，生活过得实实在在；东片沙地区农民勤劳节俭，与天斗与地斗，一步一个脚印建设美好家园。一方水土养一方人，不同的性格彰显出饮食文化的多样性。随着全域工业化和后城市化的到来，萧山如其它地方一样，其饮食结构与饮食文化发生了极大变化，老传统老方法逐渐被新事物新方法替代，人们比任何时候都更愿意接受新的生活。现在的萧山，名家、名厨、名菜如雨后春笋，层出不穷，人们追逐舌尖上的美味，追求生活的美好。

可以说，本书的写作过程其实就是一次萧山民风民俗的再了解过程，是一次萧山文化历史的再梳理过程。

在此，衷心感谢湘湖研究院搭建起这一方平台，使我得以重新认识萧山的博大与悠久。感谢方长富先生、孙娟女士的无私帮助，感谢萧山区餐饮协会为本书提供精美的图片，成为本书的重要组成部分。写作本书还让我认识了萧山本土诸多大师级名厨，感受到他们的敬业与追求，特别是跨湖楼餐饮集团的孙叶江先生和开元名都大酒店的陈利江先生，他们在讲解指点的同时，还亲手示范其中某些菜品的制作，在此一并感谢。

本书从 2019 年初夏开始动笔，到 2021 年 11 月得以出版，期间有辛苦有曲折，但总体的写作过程是愉悦的，除了梳理萧山美食本身带来的荣光与享受之外，湘湖研究院副院长许益飞女士的关心也一直鼓励着我，使我不惮于烦累。

本人才疏学浅，不足之处在所难免，恳请各位方家不吝指教。

马毓敏

2021 年 11 月

图书在版编目（CIP）数据

寻味萧山 / 马毓敏著 . -- 杭州：杭州出版社，2021.11
ISBN 978-7-5565-1542-4

Ⅰ . ①寻… Ⅱ . ①马… Ⅲ . ①饮食—文化—萧山区 Ⅳ . ① TS971.202.554

中国版本图书馆 CIP 数据核字（2021）第 152418 号

XUNWEI XIAOSHAN

寻味萧山

马毓敏 著

责任编辑 王 凯 祁睿一
美术编辑 祁睿一 章雨洁
出版发行 杭州出版社（杭州市西湖文化广场 32 号 6 楼）
电话：0571-87997719 邮编：310014
网址：www.hzcbs.com
印 刷 浙江星晨印务有限公司
经 销 新华书店
开 本 710 mm×1000mm 1/16
印 张 16.75
字 数 248 千
版 印 次 2021 年 11 月第 1 版 2021 年 11 月第 1 次印刷
书 号 ISBN 978-7-5565-1542-4
定 价 78.00 元

《杭州全书》

“存史、释义、资政、育人”
全方位、多角度地展示杭州的前世今生

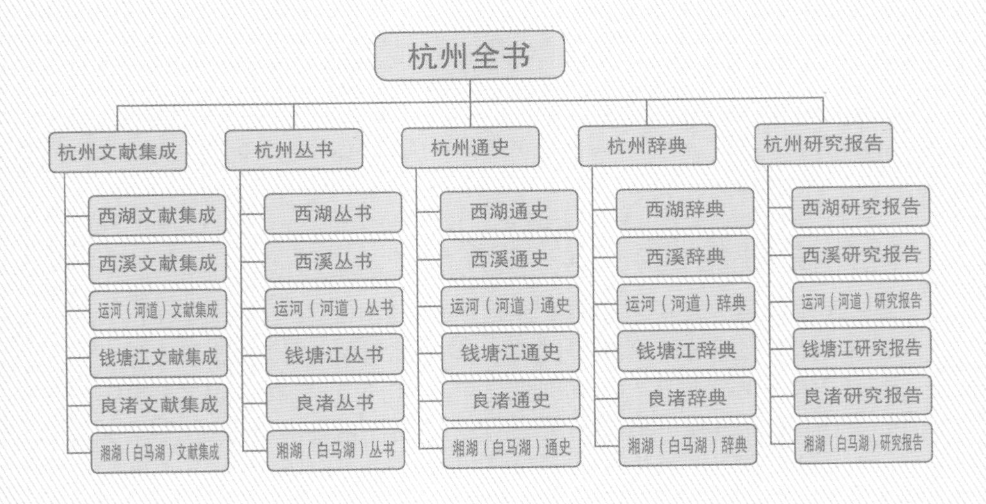

《杭州全书》已出版书目

文献集成

杭州文献集成

1.《武林掌故丛编（第1—13册）》（杭州出版社2013年出版）
2.《武林往哲遗著（第14—22册）》（杭州出版社2013年出版）
3.《武林坊巷志（第23—30册）》（浙江人民出版社2015年出版）
4.《吴越史著丛编（第31—32册）》（浙江古籍出版社2017年出版）
5.《咸淳临安志（第41—42册）》（浙江古籍出版社2017年出版）

西湖文献集成

1.《正史及全国地理志等中的西湖史料专辑》（杭州出版社2004年出版）
2.《宋代史志西湖文献专辑》（杭州出版社2004年出版）
3.《明代史志西湖文献专辑》（杭州出版社2004年出版）
4.《清代史志西湖文献专辑一》（杭州出版社2004年出版）
5.《清代史志西湖文献专辑二》（杭州出版社2004年出版）
6.《清代史志西湖文献专辑三》（杭州出版社2004年出版）
7.《清代史志西湖文献专辑四》（杭州出版社2004年出版）
8.《清代史志西湖文献专辑五》（杭州出版社2004年出版）
9.《清代史志西湖文献专辑六》（杭州出版社2004年出版）
10.《民国史志西湖文献专辑一》（杭州出版社2004年出版）
11.《民国史志西湖文献专辑二》（杭州出版社2004年出版）
12.《中华人民共和国成立50年以来西湖重要文献专辑》（杭州出版社2004年出版）
13.《历代西湖文选专辑》（杭州出版社2004年出版）
14.《历代西湖文选散文专辑》（杭州出版社2004年出版）

15.《雷峰塔专辑》（杭州出版社 2004 年出版）
16.《西湖博览会专辑一》（杭州出版社 2004 年出版）
17.《西湖博览会专辑二》（杭州出版社 2004 年出版）
18.《西溪专辑》（杭州出版社 2004 年出版）
19.《西湖风俗专辑》（杭州出版社 2004 年出版）
20.《书院·文澜阁·西泠印社专辑》（杭州出版社 2004 年出版）
21.《西湖山水志专辑》（杭州出版社 2004 年出版）
22.《西湖寺观志专辑一》（杭州出版社 2004 年出版）
23.《西湖寺观志专辑二》（杭州出版社 2004 年出版）
24.《西湖寺观志专辑三》（杭州出版社 2004 年出版）
25.《西湖祠庙志专辑》（杭州出版社 2004 年出版）
26.《西湖诗词曲赋楹联专辑一》（杭州出版社 2004 年出版）
27.《西湖诗词曲赋楹联专辑二》（杭州出版社 2004 年出版）
28.《西湖小说专辑一》（杭州出版社 2004 年出版）
29.《西湖小说专辑二》（杭州出版社 2004 年出版）
30.《海外西湖史料专辑》（杭州出版社 2004 年出版）
31.《清代西湖史料》（杭州出版社 2013 年出版）
32.《民国西湖史料一》（杭州出版社 2013 年出版）
33.《民国西湖史料二》（杭州出版社 2013 年出版）
34.《西湖寺观史料一》（杭州出版社 2013 年出版）
35.《西湖寺观史料二》（杭州出版社 2013 年出版）
36.《西湖博览会史料一》（杭州出版社 2013 年出版）
37.《西湖博览会史料二》（杭州出版社 2013 年出版）
38.《西湖博览会史料三》（杭州出版社 2013 年出版）
39.《西湖博览会史料四》（杭州出版社 2013 年出版）
40.《西湖博览会史料五》（杭州出版社 2013 年出版）
41.《明清西湖史料》（杭州出版社 2015 年出版）
42.《民国西湖史料（一）》（杭州出版社 2015 年出版）
43.《民国西湖史料（二）》（杭州出版社 2015 年出版）
44.《西湖书院史料（一）》（杭州出版社 2016 年出版）
45.《西湖书院史料（二）》（杭州出版社 2016 年出版）
46.《西湖戏曲史料》（杭州出版社 2016 年出版）
47.《西湖诗词史料》（杭州出版社 2016 年出版）
48.《西湖小说史料（一）》（杭州出版社 2016 年出版）
49.《西湖小说史料（二）》（杭州出版社 2016 年出版）
50.《西湖小说史料（三）》（杭州出版社 2016 年出版）

西溪文献集成

1.《西溪地理史料》（杭州出版社 2016 年出版）
2.《西溪洪氏、沈氏家族史料》（杭州出版社 2015 年出版）
3.《西溪丁氏家族史料》（杭州出版社 2015 年出版）
4.《西溪两浙词人祠堂·蕉园诗社史料》（杭州出版社 2016 年出版）
5.《西溪蒋氏家族、其他人物史料》（杭州出版社 2017 年出版）
6.《西溪诗词》（杭州出版社 2017 年出版）
7.《西溪文选》（杭州出版社 2016 年出版）
8.《西溪文物图录·书画金石》（杭州出版社 2016 年出版）
9.《西溪宗教史料》（杭州出版社 2016 年出版）

运河（河道）文献集成

1.《杭州运河（河道）文献集成（第 1 册）》（浙江古籍出版社 2018 年出版）
2.《杭州运河（河道）文献集成（第 2 册）》（浙江古籍出版社 2018 年出版）
3.《杭州运河（河道）文献集成（第 3 册）》（浙江古籍出版社 2018 年出版）
4.《杭州运河（河道）文献集成（第 4 册）》（浙江古籍出版社 2018 年出版）

钱塘江文献集成

1.《钱塘江海塘史料（一）》（杭州出版社 2014 年出版）
2.《钱塘江海塘史料（二）》（杭州出版社 2014 年出版）
3.《钱塘江海塘史料（三）》（杭州出版社 2014 年出版）
4.《钱塘江海塘史料（四）》（杭州出版社 2014 年出版）
5.《钱塘江海塘史料（五）》（杭州出版社 2014 年出版）
6.《钱塘江海塘史料（六）》（杭州出版社 2014 年出版）
7.《钱塘江海塘史料（七）》（杭州出版社 2014 年出版）
8.《钱塘江潮史料》（杭州出版社 2016 年出版）
9.《钱塘江大桥史料（一）》（杭州出版社 2015 年出版）
10.《钱塘江大桥史料（二）》（杭州出版社 2015 年出版）
11.《钱塘江大桥史料（三）》（杭州出版社 2017 年出版）
12.《海宁专辑（一）》（杭州出版社 2015 年出版）
13.《海宁专辑（二）》（杭州出版社 2015 年出版）
14.《钱塘江史书史料（一）》（杭州出版社 2016 年出版）
15.《城区专辑》（杭州出版社 2016 年出版）
16.《之江大学专辑》（杭州出版社 2016 年出版）

17.《钱塘江小说史料》（杭州出版社 2016 年出版）
18.《钱塘江诗词史料》（杭州出版社 2016 年出版）
19.《富春江、萧山专辑》（杭州出版社 2017 年出版）
20.《钱塘江文论史料（二）》（杭州出版社 2017 年出版）
21.《钱塘江文论史料（三）》（杭州出版社 2017 年出版）
22.《钱塘江文论史料（四）》（杭州出版社 2017 年出版）
23.《钱塘江水产史料》（杭州出版社 2017 年出版）
24.《钱塘江史书史料（二）》（杭州出版社 2019 年出版）
25.《钱塘江明清实录史料》（杭州出版社 2019 年出版）
26.《钱塘江省府志史料》（杭州出版社 2019 年出版）
27.《钱塘江县志史料》（杭州出版社 2019 年出版）

余杭文献集成

《余杭历代人物碑传集（上下）》（浙江古籍出版社 2019 年出版）

湘湖（白马湖）文献集成

1.《湘湖水利文献专辑（上下）》（杭州出版社 2013 年出版）
2.《民国时期湘湖建设文献专辑》（杭州出版社 2014 年出版）
3.《历代史志湘湖文献专辑》（杭州出版社 2015 年出版）
4.《湘湖文学文献专辑》（杭州出版社 2019 年出版）

丛　书

杭州丛书

1.《钱塘楹联集锦》（杭州出版社 2013 年出版）
2.《艮山门外话桑麻（上下）》（杭州出版社 2013 年出版）
3.《钱塘拾遗（上下）》（杭州出版社 2014 年出版）
4.《说杭州（上下）》（浙江古籍出版社 2016 年出版）
5.《钱塘自古繁华——杭州城市词赏析》（浙江古籍出版社 2017 年出版）
6.《湖上笠翁——李渔与杭州饮食文化》（浙江古籍出版社 2018 年出版）

西湖丛书

1.《西溪》（杭州出版社 2004 年出版）
2.《灵隐寺》（杭州出版社 2004 年出版）
3.《北山街》（杭州出版社 2004 年出版）
4.《西湖风俗》（杭州出版社 2004 年出版）
5.《于谦祠墓》（杭州出版社 2004 年出版）
6.《西湖美景》（杭州出版社 2004 年出版）
7.《西湖博览会》（杭州出版社 2004 年出版）
8.《西湖风情画》（杭州出版社 2004 年出版）
9.《西湖龙井茶》（杭州出版社 2004 年出版）
10.《白居易与西湖》（杭州出版社 2004 年出版）
11.《苏东坡与西湖》（杭州出版社 2004 年出版）
12.《林和靖与西湖》（杭州出版社 2004 年出版）
13.《毛泽东与西湖》（杭州出版社 2004 年出版）
14.《文澜阁与四库全书》（杭州出版社 2004 年出版）
15.《岳飞墓庙》（杭州出版社 2005 年出版）
16.《西湖别墅》（杭州出版社 2005 年出版）
17.《楼外楼》（杭州出版社 2005 年出版）
18.《西泠印社》（杭州出版社 2005 年出版）
19.《西湖楹联》（杭州出版社 2005 年出版）
20.《西湖诗词》（杭州出版社 2005 年出版）
21.《西湖织锦》（杭州出版社 2005 年出版）
22.《西湖老照片》（杭州出版社 2005 年出版）
23.《西湖八十景》（杭州出版社 2005 年出版）
24.《钱镠与西湖》（杭州出版社 2005 年出版）
25.《西湖名人墓葬》（杭州出版社 2005 年出版）
26.《康熙、乾隆两帝与西湖》（杭州出版社 2005 年出版）
27.《西湖造像》（杭州出版社 2006 年出版）
28.《西湖史话》（杭州出版社 2006 年出版）
29.《西湖戏曲》（杭州出版社 2006 年出版）
30.《西湖地名》（杭州出版社 2006 年出版）
31.《胡庆余堂》（杭州出版社 2006 年出版）
32.《西湖之谜》（杭州出版社 2006 年出版）
33.《西湖传说》（杭州出版社 2006 年出版）
34.《西湖游船》（杭州出版社 2006 年出版）
35.《洪昇与西湖》（杭州出版社 2006 年出版）

44.《亲历杭州河道治理》（浙江古籍出版社 2018 年出版）
45.《杭州河道故事与传说》（浙江古籍出版社 2018 年出版）
46.《杭州运河老厂》（杭州出版社 2018 年出版）
47.《运河村落的蚕丝情结》（杭州出版社 2018 年出版）
48.《运河文物故事》（杭州出版社 2019 年出版）
49.《杭州河道名称历史由来》（浙江古籍出版社 2019 年出版）
50.《杭州古代河道治理》（杭州出版社 2019 年出版）

钱塘江丛书

1.《钱塘江传说》（杭州出版社 2013 年出版）
2.《钱塘江名人》（杭州出版社 2013 年出版）
3.《钱塘江金融文化》（杭州出版社 2013 年出版）
4.《钱塘江医药文化》（杭州出版社 2013 年出版）
5.《钱塘江历史建筑》（杭州出版社 2013 年出版）
6.《钱塘江古镇梅城》（杭州出版社 2013 年出版）
7.《茅以升和钱塘江大桥》（杭州出版社 2013 年出版）
8.《古邑分水》（杭州出版社 2013 年出版）
9.《孙权故里》（杭州出版社 2013 年出版）
10.《钱塘江风光》（杭州出版社 2013 年出版）
11.《钱塘江戏曲》（杭州出版社 2013 年出版）
12.《钱塘江风俗》（杭州出版社 2013 年出版）
13.《淳安千岛湖》（杭州出版社 2013 年出版）
14.《钱塘江航运》（杭州出版社 2013 年出版）
15.《钱塘江旧影》（杭州出版社 2013 年出版）
16.《钱塘江水电站》（杭州出版社 2013 年出版）
17.《钱塘江水上运动》（杭州出版社 2013 年出版）
18.《钱塘江民间工艺美术》（杭州出版社 2013 年出版）
19.《黄公望与〈富春山居图〉》（杭州出版社 2013 年出版）
20.《钱江梵影》（杭州出版社 2014 年出版）
21.《严光与严子陵钓台》（杭州出版社 2014 年出版）
22.《钱塘江史话》（杭州出版社 2014 年出版）
23.《桐君山》（杭州出版社 2014 年出版）
24.《钱塘江藏书与刻书文化》（杭州出版社 2014 年出版）
25.《外国人眼中的钱塘江》（杭州出版社 2014 年出版）
26.《钱塘江绘画》（杭州出版社 2014 年出版）
27.《钱塘江饮食》（杭州出版社 2014 年出版）

28.《钱塘江游记》（杭州出版社 2014 年出版）
29.《钱塘江茶史》（杭州出版社 2015 年出版）
30.《钱江潮与弄潮儿》（杭州出版社 2015 年出版）
31.《之江大学史》（杭州出版社 2015 年出版）
32.《钱塘江方言》（杭州出版社 2015 年出版）
33.《钱塘江船舶》（杭州出版社 2017 年出版）
34.《城·水·光·影——杭州钱江新城亮灯工程》（杭州出版社 2018 年出版）

良渚丛书

1.《神巫的世界》（杭州出版社 2013 年出版）
2.《纹饰的秘密》（杭州出版社 2013 年出版）
3.《玉器的故事》（杭州出版社 2013 年出版）
4.《从村居到王城》（杭州出版社 2013 年出版）
5.《良渚人的衣食》（杭州出版社 2013 年出版）
6.《良渚文明的圣地》（杭州出版社 2013 年出版）
7.《神人兽面的真像》（杭州出版社 2013 年出版）
8.《良渚文化发现人施昕更》（杭州出版社 2013 年出版）
9.《良渚文化的古环境》（杭州出版社 2014 年出版）
10.《良渚文化的水井》（浙江古籍出版社 2015 年出版）

余杭丛书

1.《品味塘栖》（浙江古籍出版社 2015 年出版）
2.《吃在塘栖》（浙江古籍出版社 2016 年出版）
3.《塘栖蜜饯》（浙江古籍出版社 2017 年出版）
4.《村落拾遗》（浙江古籍出版社 2017 年出版）
5.《余杭老古话》（浙江古籍出版社 2018 年出版）
6.《传说塘栖》（浙江古籍出版社 2019 年出版）
7.《余杭奇人陈元赟》（浙江古籍出版社 2019 年出版）
8.《章太炎讲国学》（上海人民出版社 2019 年出版）
9.《章太炎家书》（上海人民出版社 2019 年出版）

湘湖（白马湖）丛书

1.《湘湖史话》（杭州出版社 2013 年出版）
2.《湘湖传说》（杭州出版社 2013 年出版）

3.《东方文化园》（杭州出版社 2013 年出版）
4.《任伯年评传》（杭州出版社 2013 年出版）
5.《湘湖风俗》（杭州出版社 2013 年出版）
6.《一代名幕汪辉祖》（杭州出版社 2014 年出版）
7.《湘湖诗韵》（浙江古籍出版社 2014 年出版）
8.《白马湖诗词》（西泠印社出版社 2014 年出版）
9.《白马湖传说》（西泠印社出版社 2014 年出版）
10.《画韵湘湖》（浙江摄影出版社 2015 年出版）
11.《湘湖人物》（浙江古籍出版社 2015 年出版）
12.《白马湖俗语》（西泠印社出版社 2015 年出版）
13.《湘湖楹联》（杭州出版社 2016 年出版）
14.《湘湖诗词（上下）》（杭州出版社 2016 年出版）
15.《湘湖物产》（浙江古籍出版社 2016 年出版）
16.《湘湖故事新编》（浙江人民出版社 2016 年出版）
17.《白马湖风物》（西泠印社出版社 2016 年出版）
18.《湘湖记忆》（杭州出版社 2016 年出版）
19.《湘湖民间文化遗存》（西泠印社出版社 2016 年出版）
20.《汪辉祖家训》（杭州出版社 2017 年出版）
21.《诗狂贺知章》（浙江人民出版社 2017 年出版）
22.《西兴史迹寻踪》（西泠印社出版社 2017 年出版）
23.《来氏与九厅十三堂》（西泠印社出版社 2017 年出版）
24.《白马湖楹联碑记》（西泠印社出版社 2017 年出版）
25.《湘湖新咏》（西泠印社出版社 2017 年出版）
26.《湘湖之谜》（浙江人民出版社 2017 年出版）
27.《长河史迹寻踪》（西泠印社出版社 2017 年出版）
28.《湘湖宗谱与宗祠》（杭州出版社 2018 年出版）
29.《毛奇龄与湘湖》（浙江人民出版社 2018 年出版）
30.《湘湖图说》（浙江人民出版社 2018 年出版）
31.《萧山官河两岸乡贤书画逸闻》（西泠印社出版社 2019 年出版）
32.《民国湘湖轶事》（浙江人民出版社 2020 年出版）

研究报告

杭州研究报告

1.《金砖四城——杭州都市经济圈解析》（杭州出版社 2013 年出版）

2.《民间文化杭州论稿》（杭州出版社 2013 年出版）
3.《杭州方言与宋室南迁》（杭州出版社 2013 年出版）
4.《一座城市的味觉遗香——杭州饮食文化遗产研究》（浙江古籍出版社 2018 年出版）

西湖研究报告

《西湖景观题名文化研究》（杭州出版社 2016 年出版）

西溪研究报告

1.《西溪研究报告（一）》（杭州出版社 2016 年出版）
2.《西溪研究报告（二）》（杭州出版社 2017 年出版）
3.《湿地保护与利用的“西溪模式”——城市管理者培训特色教材·西溪篇》（杭州出版社 2017 年出版）
4.《西溪专题史研究》（杭州出版社 2018 年出版）
5.《西溪历史文化景观研究》（杭州出版社 2019 年出版）

运河（河道）研究报告

1.《杭州河道研究报告（一）》（浙江古籍出版社 2015 年出版）
2.《中国大运河保护与利用的杭州模式——城市管理者培训特色教材·运河篇》（杭州出版社 2018 年出版）
3.《杭州河道有机更新实践创新与经验启示——城市管理者培训特色教材·河道篇》（杭州出版社 2019 年出版）
4.《杭州运河（河道）专题史研究（上下）》（杭州出版社 2019 年出版）

钱塘江研究报告

1.《钱塘江研究报告（一）》（杭州出版社 2013 年出版）
2.《潮涌新城：杭州钱江新城建设历程、经验与启示——城市管理者教材》（杭州出版社 2019 年出版）

良渚研究报告

《良渚古城墙铺垫石研究报告》（浙江古籍出版社 2018 年出版）

余杭研究报告

1.《慧焰薪传——径山禅茶文化研究》（杭州出版社 2014 年出版）
2.《沈括研究》（浙江古籍出版社 2016 年出版）

湘湖（白马湖）研究报告

1.《九个世纪的嬗变——中国·杭州湘湖开筑 900 周年学术论坛文集》（浙江古籍出版社 2014 年出版）
2.《湘湖保护与开发研究报告（一）》（杭州出版社 2015 年出版）
3.《湘湖文化保护与旅游开发研讨会论文集》（浙江古籍出版社 2015 年出版）
4.《湘湖战略定位与保护发展对策研究》（浙江古籍出版社 2016 年出版）
5.《湘湖金融历史文化研究文集》（浙江人民出版社 2016 年出版）
6.《湘湖综合保护与开发：经验·历程·启示——城市管理者培训特色教材·湘湖篇》（杭州出版社 2018 年出版）
7.《杨时与湘湖研究文集》（浙江人民出版社 2018 年出版）
8.《湘湖研究论文专辑》（杭州出版社 2018 年出版）
9.《湘湖历史文化调查报告（上下）》（杭州出版社 2018 年出版）
10.《湘湖（白马湖）专题史（上下）》（浙江人民出版社 2019 年出版）
11.《湘湖研究论丛——陈志根湘湖研究论文选》（浙江人民出版社 2019 年出版）

南宋史研究丛书

1.《南宋史研究论丛（上下）》（杭州出版社 2008 年出版）
2.《朱熹研究》（人民出版社 2008 年出版）
3.《叶适研究》（人民出版社 2008 年出版）
4.《陆游研究》（人民出版社 2008 年出版）
5.《马扩研究》（人民出版社 2008 年出版）
6.《岳飞研究》（人民出版社 2008 年出版）
7.《秦桧研究》（人民出版社 2008 年出版）
8.《宋理宗研究》（人民出版社 2008 年出版）
9.《文天祥研究》（人民出版社 2008 年出版）
10.《辛弃疾研究》（人民出版社 2008 年出版）
11.《陆九渊研究》（人民出版社 2008 年出版）
12.《南宋官窑》（杭州出版社 2008 年出版）

13.《南宋临安城考古》（杭州出版社 2008 年出版）
14.《南宋临安典籍文化》（杭州出版社 2008 年出版）
15.《南宋都城临安》（杭州出版社 2008 年出版）
16.《南宋史学史》（人民出版社 2008 年出版）
17.《南宋宗教史》（人民出版社 2008 年出版）
18.《南宋政治史》（人民出版社 2008 年出版）
19.《南宋人口史》（上海古籍出版社 2008 年出版）
20.《南宋交通史》（上海古籍出版社 2008 年出版）
21.《南宋教育史》（上海古籍出版社 2008 年出版）
22.《南宋思想史》（上海古籍出版社 2008 年出版）
23.《南宋军事史》（上海古籍出版社 2008 年出版）
24.《南宋手工业史》（上海古籍出版社 2008 年出版）
25.《南宋绘画史》（上海古籍出版社 2008 年出版）
26.《南宋书法史》（上海古籍出版社 2008 年出版）
27.《南宋戏曲史》（上海古籍出版社 2008 年出版）
28.《南宋临安大事记》（杭州出版社 2008 年出版）
29.《南宋临安对外交流》（杭州出版社 2008 年出版）
30.《南宋文学史》（人民出版社 2009 年出版）
31.《南宋科技史》（人民出版社 2009 年出版）
32.《南宋城镇史》（人民出版社 2009 年出版）
33.《南宋科举制度史》（人民出版社 2009 年出版）
34.《南宋临安工商业》（人民出版社 2009 年出版）
35.《南宋农业史》（人民出版社 2010 年出版）
36.《南宋临安文化》（杭州出版社 2010 年出版）
37.《南宋临安宗教》（杭州出版社 2010 年出版）
38.《南宋名人与临安》（杭州出版社 2010 年出版）
39.《南宋法制史》（人民出版社 2011 年出版）
40.《南宋临安社会生活》（杭州出版社 2011 年出版）
41.《宋画中的南宋建筑》（西泠印社出版社 2011 年出版）
42.《南宋舒州公牍佚简整理与研究》（上海古籍出版社 2011 年出版）
43.《南宋全史（一）》（上海古籍出版社 2011 年出版）
44.《南宋全史（二）》（上海古籍出版社 2011 年出版）
45.《南宋全史（三）》（上海古籍出版社 2012 年出版）
46.《南宋全史（四）》（上海古籍出版社 2012 年出版）
47.《南宋全史（五）》（上海古籍出版社 2012 年出版）
48.《南宋全史（六）》（上海古籍出版社 2012 年出版）
49.《南宋全史（七）》（上海古籍出版社 2015 年出版）

50.《南宋全史（八）》（上海古籍出版社 2015 年出版）
51.《南宋美学思想研究》（上海古籍出版社 2012 年出版）
52.《南宋川陕边行政运行体制研究》（上海古籍出版社 2012 年出版）
53.《南宋藏书史》（人民出版社 2013 年出版）
54.《南宋陶瓷史》（上海古籍出版社 2013 年出版）
55.《南宋明州先贤祠研究》（上海古籍出版社 2013 年出版）
56.《南宋建筑史》（上海古籍出版社 2014 年出版）
57.《金人“中国”观研究》（上海古籍出版社 2014 年出版）
58.《宋金交聘制度研究》（上海古籍出版社 2014 年出版）
59.《图说宋人服饰》（上海古籍出版社 2014 年出版）
60.《南宋社会民间纠纷及其解决途径研究》（上海古籍出版社 2015 年出版）
61.《〈咸淳临安志〉宋版“京城四图”复原研究》（上海古籍出版社 2015 年出版）
62.《南宋都城临安研究——以考古为中心》（上海古籍出版社 2016 年出版）
63.《两宋宗室研究——以制度考察为中心（上下）》（上海古籍出版社 2016 年出版）
64.《南宋园林史》（上海古籍出版社 2017 年出版）
65.《道命录》（上海古籍出版社 2017 年出版）
66.《毗陵集》（上海古籍出版社 2017 年出版）
67.《西湖游览志》（上海古籍出版社 2017 年出版）
68.《西湖游览志馀》（上海古籍出版社 2018 年出版）
69.《建炎以来系年要录（全八册）》（上海古籍出版社 2018 年出版）
70.《南宋理学一代宗师杨时思想研究》（上海古籍出版社 2018 年出版）

南宋研究报告

1.《两宋“一带一路”战略·长江经济带战略研究》（杭州出版社 2018 年出版）
2.《南北融合：两宋与“一带一路”建设研究》（杭州出版社 2018 年出版）

通　史

西溪通史

《西溪通史（全三卷）》（杭州出版社 2017 年出版）

杭 | 州 | 全 | 书